普通高等教育“十四五”公共课程系列教材

离散数学

（第二版）

邹丽娜　董丽薇◎主　编
姜龙滨　丁　茜◎副主编

中国铁道出版社有限公司
CHINA RAILWAY PUBLISHING HOUSE CO., LTD.

内容简介

离散数学是现代数学的重要分支，是计算机相关学科的基础理论课之一，学生通过学习能够得到严格的逻辑推理与抽象思维能力的训练，能够掌握数理逻辑、集合论、图论等知识。

本书分为数理逻辑、集合论和图论三部分。其中数理逻辑部分包括命题逻辑、谓词逻辑两章，集合论部分包括集合论和二元关系两章。

本书适合作为普通高等学校计算机科学与技术、网络工程及信息管理等专业教材，也可作为高职高专、成人高校相关专业教材。

图书在版编目(CIP)数据

离散数学/邹丽娜，董丽薇主编．—2 版．—北京：中国铁道出版社有限公司，2023．1

普通高等教育“十四五”公共课程系列教材

ISBN 978-7-113-29778-7

Ⅰ．①离…　Ⅱ．①邹…　②董…　Ⅲ．①离散数学-高等学校-教材　Ⅳ．①O158

中国版本图书馆 CIP 数据核字(2022)第 196696 号

书　　名：离散数学
作　　者：邹丽娜　董丽薇

策　　划：祝和谊　　**编辑部电话：**(010)63549501
责任编辑：贾　星　徐盼欣
封面设计：刘　颖
责任校对：安海燕
责任印制：樊启鹏

出版发行：中国铁道出版社有限公司(100054，北京市西城区右安门西街 8 号)
网　　址：http://www.tdpress.com/51eds
印　　刷：三河市兴博印务有限公司
版　　次：2016 年 2 月第 1 版　2023 年 1 月第 2 版　2023 年 1 月第 1 次印刷
开　　本：710 mm×1000 mm 1/16　**印张：**10.5　**字数：**204 千
书　　号：ISBN 978-7-113-29778-7
定　　价：30.00 元

前　言

离散数学是现代数学的重要分支，是计算机相关学科的基础理论课之一，它能为计算机相关专业后续课程（如数字逻辑、程序设计、编译原理、数据库系统、人工智能等）的学习奠定基础。因此，离散数学是计算机科学与技术、网络工程及信息管理等专业本科生的必修专业基础课之一。

通过离散数学课程的学习，学生能够得到严格的逻辑推理与抽象思维能力的训练，能够掌握数理逻辑、集合论、图论等知识，并运用其理论、思想和方法来学习和研究计算机各学科，为深入学习计算机科学打下坚实的基础。离散数学的先行课是数学的一些基础学科，如高等数学和线性代数等。同时，离散数学是学习计算机科学中某些学科的先行课程，即它是学习数字逻辑、程序设计、数据结构、编译方法、形式语言等课程的基础。

本书内容除第 1 章绪论外分为数理逻辑（第 2 章，第 3 章）、集合论（第 4 章，第 5 章）和图论（第 6 章）三部分。由于离散数学具有知识不连续的特点，因此在教学时可以选择性地安排教学顺序。

本书由邹丽娜、董丽薇任主编，由姜龙滨、丁茜任副主编。

由于编者水平有限，经验不够丰富，书中难免存在不足及疏漏之处，敬请广大读者批评指正。

编　者

2022 年 10 月

目　　录

第 1 章　绪　　论

§1.1　离散数学简介

1. 离散数学的概念

离散数学是包含数理逻辑、数论、代数、图论等多个数学分支内容的一门学科，它的研究对象是离散量及其结构和相互关系.

离散数学是在计算机科学与技术的发展过程中派生出来的一门学科，而不是在数学的研究过程中从某个数学领域(或数学专题)分离出来的一个数学分支.

离散数学以离散量的结构和相互关系等作为主要研究目标，其研究对象一般是有限个元素. 离散数学所涉及的数学分支主要包括集合论、逻辑演算、递归论、数论、线性代数、抽象代数、布尔代数、组合论、图论、概率论、近似计算、离散化方法等.

2. 离散数学的发展过程

构成计算机科学的核心是数据结构、算法和程序设计，这些核心内容都是建立在离散结构的基础上的. 离散结构主要指离散对象之间的数学结构，所以又称离散数学. 这个名称是 1974 年由美国 IEEE 计算机协会典型课程分委员会正式提出的.

离散数学正式形成于 20 世纪 70 年代初期，但组成离散数学的主要内容都有一定的发展历史. 数理逻辑的创始者是 17 世纪德国数学家兼哲学家莱布尼茨，他最先提出要建立"通用语言"和"推理演算"两种工具. 集合论的起源可以追溯到 16 世纪末期，开始是为了寻求微积分的坚实基础，人们引进了有关数集的研究. 近代代数产生于 19 世纪初期，它研究数字、文字和一般元素的代数运算规律以及各种代数结构的性质. 图论的研究最早起源于一些数学难题的研究，如 1736 年欧拉所提出的哥尼斯堡七桥问题、哈密顿的环路问题、地图着色的四色猜想等. 上述这些近代数学分支，开始是各自独立发展的，随着它们的应用范围不断拓展，其理论进展逐步互相渗透统一. 这些综合理论的出现，大部分与计算机科学的发展有关.

离散数学是随着计算机的迅速发展而逐渐形成的. 最早包含离散数学中一些主要内容的著作当推 1963 年出版的罗伯特所著的《集合论与逻辑》一书. 直到 1973 年才第一次出现了两本以离散数学结构命名的代表著作，这就是斯通所著的《离散数学结构及其应用》,以及泼里帕拉特等所著的《离散结构导论》. 1975 年,出现了一本全面阐述离散数学基本理论、紧密结合计算机科学中数据结构和算法的离散数学教材,这就是特伦布莱等所著的《离散数学结构及其对于计算机科学的应用》. 1975 年左右,离散数学的内容已经基本形成,成为一门独立的课程. 1976 年,美国 IEEE 计算机协会典型课程分委员会在各设置计算机专业的院校中已普遍开设"离散数学"这一课程.

§1.2 离散数学的地位与作用

离散数学课程所涉及的概念、方法和理论,大量地应用在数据结构、数据库系统、编译原理、数字逻辑、人工智能、信息安全等计算机课程.

(1)数据结构描述的对象有四种,分别是线性结构、集合、树结构和图结构. 线性结构中的线性表、栈、队列等都是根据数据元素之间关系的不同而建立的对象,离散数学中的关系研究有关元素之间不同关系的内容;集合对象及集合的各种运算都是离散数学中集合论研究的内容;离散数学中的树和图论的内容为树结构对象和图结构对象的研究提供了很好的知识基础.

(2)数据库系统目前主要研究的数据库类型是关系数据库. 关系数据库的关系演算和关系模型需要用到离散数学中谓词逻辑的知识;关系数据库的逻辑结构是由行和列构成的二维表,表之间的连接操作需要用到离散数学中笛卡尔积的知识,表数据的查询、插入、删除和修改等操作需要用到离散数学中关系代数和数理逻辑的知识.

(3)编译原理和技术是软件工程技术人员重要的基础知识,编译程序是非常复杂的系统程序,包括词法分析、语法分析、语义分析、中间代码生成、代码优化、目标代码生成、依赖机器的代码优化七个阶段. 离散数学中计算模型中的语言和文化、有限状态机、语言的识别和图灵机等知识为编译程序中的词法分析和语法分析提供了基础.

(4)数字逻辑为计算机硬件中的电路设计提供了重要理论,而离散数学中命题逻辑中的联结词运算可以解决电路设计中由高低电平表示的各信号之间的运算以及二进制数的位运算等问题.

(5)离散数学中数学推理和布尔代数的知识为早期人工智能研究领域打下了良好的数学基础. 谓词逻辑演算为人工智能学科提供了一种重要的知识表示方法和推理方法. 另外,模糊逻辑的概念也可以用于人工智能.

(6)信息安全与离散数学也关系密切,离散数学中的代数系统和初等数论为密码学提供了重要的数学基础. 例如,恺撒密码的本质就是使用了代数系统中群的知识,初等数论中欧拉定理和费马小定理为 RSA 公钥密码体系提供了最直接的数学基础.

(7)计算机图形学用到离散数学中图论的知识;计算机网络用到离散数学中图论

和树的知识；软件工程用到离散数学中数理逻辑和图论的知识；计算机体系结构用到离散数学中代数系统和哈夫曼编码的知识.

离散数学不但为后续课程提供了必需的理论基础，还可以培养学生的抽象思维能力和解决问题的能力. 因此，离散数学已经成为计算机专业学生必须掌握的理论基础和数学工具.

第 2 章　命 题 逻 辑

数理逻辑是用数学方法研究推理的形式结构和推理的规律的数学学科.所谓数学方法,就是用一套有严格定义的符号,即建立一套形式语言来研究,因此数理逻辑也称为符号逻辑.数理逻辑的基础部分是命题逻辑和谓词逻辑.本章主要讲述命题逻辑.

§2.1　命题与联结词

2.1.1　命题的概念

数理逻辑研究的中心问题是推理,而推理就必然包含前提和结论,前提和结论都是表达判断的陈述句,因而表达判断的陈述句就成为推理的基本要素.在数理逻辑中,将能够判断真假的陈述句称为命题.因此命题就成为推理的基本单位.

定义 2-1　能够判断真假的陈述句称为**命题**.命题的判断结果称为命题的"**真值**"."真值"取值为"真"的命题称为**真命题**,"真值"取值为"假"的命题称为**假命题**.常用 T(True)或 1 表示真,用 F(False)或 0 表示假.

从上述定义可知,判定一个句子是否为命题要分为两步:**一是判定是否为陈述句,二是判定能否判定真假**,二者缺一不可.

例 2-1　判断下列句子是否为命题.

(1)北京是中国的首都.

(2)请勿吸烟!

(3)雪是黑的.

(4)猪八戒是猪吗?

(5)$x+y=5$.

(6)我正在说谎.

(7)如果温度为 0 ℃以下,则水会结成冰.

(8)3 能被 2 整除.

(9)火星上有生命.

(10)张三是个胖子.

解　在上述的 10 个句子中,(2)(4)不是陈述句;(5)(6)(10)虽然是陈述句,但(5)

没有确定的真值，当 $x=2$，$y=3$ 时，$x+y=5$ 正确，当 $x=4$，$y=3$ 时，$x+y=5$ 不正确，其真值随 x，y 取值的不同而改变，(6)是悖论(即由真能推出假，由假也能推出真)，(10)中的“胖子”是一个模糊的概念，不能判断真假，因而(2)(4)(5)(6)(10)均不是命题.(1)(3)(7)(8)(9)都是命题，其中(9)虽然现在无法判断真假，但随着科技的进步是可以判定真假的.

根据命题的结构形式，命题分为原子命题和复合命题.

定义 2-2　不能被分解为更简单的陈述语句的命题称为**原子命题**(也称为**简单命题**).

定义 2-3　由两个或两个以上原子命题通过联结词联结而成的命题称为**复合命题**.

例如，例 2-1 中的命题“雪是黑的”为原子命题，而命题“如果温度为 0 ℃以下，则水会结成冰”是复合命题，是由“温度为 0 ℃以下”与“水会结成冰”两个原子命题组成的.

定义 2-4　表示原子命题的符号称为**命题标识符**.命题标识符依据表示命题的情况，分为命题常元和命题变元.一个有确定真值的命题的标识符称为**命题常元**(或**命题常项**)；没有指定具体内容的命题标识符称为**命题变元**(或**命题变项**).本书中用小写字母 $a,b,c,\cdots,p,q,r,\cdots$(可带下标)等表示命题.将表示命题的符号放在该命题的前面，称为**命题的符号化**.例如：

p:2 是素数.

q:雪是黑的.

此时，p 是真命题，q 是假命题.

注意:命题变元不是命题，只有当命题取一个确定的值时才是命题.例如，对于原子命题 p:$x=3$ 来说，命题变元的真值情况不确定，因而命题变元不是命题，只有给命题变元 p 一个具体的命题取代时，p 有了确定的真值，p 才成为命题.

2.1.2　命题联结词

描述一个问题时，往往要用多个命题或复杂的命题形式才能表达一个完整的内容.用于把一个或多个命题联结起来构成复杂命题形式的词语称为**命题联结词**.

下面主要介绍五种常用的联结词的性质与用途，分别是“非”(否定联结词)、“与”(合取联结词)、“或”(析取联结词)、“若……，则……”(蕴涵联结词)、“当且仅当”(同真假联结词).

1. 否定联结词

设 p 为一个命题，复合命题“非 p”(或 p 的否定)称为 p 的**否定式**，记为 $\neg p$，读作“非 p”.$\neg$为**否定联结词**.

规定 p 的真值与 $\neg p$ 的真值有如下关系：

(1)若 p 的真值为 1,则$\neg p$ 的真值为 0;

(2)若 p 的真值为 0,则$\neg p$ 的真值为 1.

例 2-2 p:4 能被 2 整除.$\neg p$:4 不能被 2 整除.

解 p 是真命题,$\neg p$ 是假命题.

2. 合取联结词

设 p,q 为两个命题,p 和 q 的合取是一个复合命题,表示两个命题的合取关系,记为 $p \wedge q$,读作"p 并且 q",称为 p 与 q 的**合取式**,$\wedge$ 为**合取联结词**.

例 2-3 将下列命题符号化.

(1)今天既下雨又刮风.

(2)李燕不但聪明,而且用功.

(3)张三虽然聪明,但不用功.

解 (1)设 p:今天下雨.q:今天刮风.则(1)可表示为 $p \wedge q$.

(2)设 p:李燕聪明.q:李燕用功.则(2)可表示为 $p \wedge q$.

(3)设 p:张三聪明.q:张三用功.则(3)可表示为 $p \wedge \neg q$.

规定命题 p,q 和 $p \wedge q$ 三者的真值有如下关系:

(1)若 p 的真值为 0 且 q 的真值为 0,则 $p \wedge q$ 的真值为 0;

(2)若 p 的真值为 0 且 q 的真值为 1,则 $p \wedge q$ 的真值为 0;

(3)若 p 的真值为 1 且 q 的真值为 0,则 $p \wedge q$ 的真值为 0;

(4)若 p 的真值为 1 且 q 的真值为 1,则 $p \wedge q$ 的真值为 1.

当 p 与 q 的真值都为 1 时,$p \wedge q$ 的真值为 1;其他三种情况,$p \wedge q$ 的真值都为 0.

3. 析取联结词

设 p,q 为两个命题,p 和 q 的析取是一个复合命题,表示两个命题的析取关系,记为 $p \vee q$,读作"p 或者 q",称为 p 与 q 的**析取式**,$\vee$ 为**析取联结词**.

例 2-4 将下列命题符号化.

(1)小王爱打球或跑步.

(2)他身高 1.8 m 或体重 65 kg.

解 (1)设 p:小王爱打球.q:小王爱跑步.则(1)可表示为 $p \vee q$.

(2)设 r:他身高 1.8 m.s:他体重 65 kg.则(2)可表示为 $r \vee s$.

规定命题 p,q 和 $p \vee q$ 三者的真值有如下关系:

(1)若 p 的真值为 0 且 q 的真值为 0,则 $p \vee q$ 的真值为 0;

(2)若 p 的真值为 0 且 q 的真值为 1,则 $p \vee q$ 的真值为 1;

(3)若 p 的真值为 1 且 q 的真值为 0,则 $p \vee q$ 的真值为 1;

(4)若 p 的真值为 1 且 q 的真值为 1,则 $p \vee q$ 的真值为 1.

当 p 与 q 的真值都为 0 时,则 $p \vee q$ 的真值为 0;其他三种情况,$p \vee q$ 的真值都为 1.

4. 蕴涵联结词

设 p,q 为两个命题,p 和 q 的蕴涵是一个复合命题,表示两个命题的蕴涵关系,记为 $p \to q$,读作"如果 p,则 q",称为 p 与 q 的**蕴涵式**,$\to$ 为**蕴涵联结词**. 其中 p 为 $p \to q$ 的**前件**,q 为 $p \to q$ 的**后件**.

例 2-5　将下列命题符号化.

(1)如果今天是星期三,则今天有英语课.

(2)若 $2+2=4$,则太阳从西方升起.

解　(1)设 p:今天是星期三. q:今天有英语课. 则(1)可表示为 $p \to q$.

(2)设 r:$2+2=4$. s:太阳从西方升起. 则(2)可表示为 $r \to s$.

需要注意的是,在自然语言中,命题(2)是没有实际意义的,因为 r 与 s 两个命题是互不相干的,但在数理逻辑中是允许的,数理逻辑中只关注复合命题的真值情况,并不关心原子命题之间是否存在内在联系.

规定命题 p,q 和 $p \to q$ 三者的真值有如下关系:

(1)若 p 的真值为 0 且 q 的真值为 0,则 $p \to q$ 的真值为 1;

(2)若 p 的真值为 0 且 q 的真值为 1,则 $p \to q$ 的真值为 1;

(3)若 p 的真值为 1 且 q 的真值为 0,则 $p \to q$ 的真值为 0;

(4)若 p 的真值为 1 且 q 的真值为 1,则 $p \to q$ 的真值为 1.

当 p 的真值为 1 且 q 的真值为 0 时,$p \to q$ 的真值为 0;其他三种情况,$p \to q$ 的真值都为 1.

5. 同真假联结词

设 p,q 为两个命题,p 和 q 的同真假是一个复合命题,表示两个命题的同真假关系,记为 $p \leftrightarrow q$,读作"p 与 q 同真假",称为 p 与 q 的**同真式**,$\leftrightarrow$ 为**同真假联结词**.

例 2-6　两个圆面积相等当且仅当它们的半径相等.

解　设 p:两个圆面积相等. q:两个圆半径相等. 则原命题表示为 $p \leftrightarrow q$.

规定命题 p,q 和 $p \leftrightarrow q$ 三者的真值有如下关系:

(1)若 p 的真值为 0 且 q 的真值为 0,则 $p \leftrightarrow q$ 的真值为 1;

(2)若 p 的真值为 0 且 q 的真值为 1,则 $p \leftrightarrow q$ 的真值为 0;

(3)若 p 的真值为 1 且 q 的真值为 0,则 $p \leftrightarrow q$ 的真值为 0;

(4)若 p 的真值为 1 且 q 的真值为 1,则 $p \leftrightarrow q$ 的真值为 1.

当 p 与 q 的真值都为 1(同真)或都为 0(同假)时,$p \leftrightarrow q$ 的真值为 1;其他情况为 0.

2.1.3　描述实际问题

上节介绍的五种联结词也称为谓词联结词,在命题逻辑中,可以用这些联结词将各种各样的复合命题符号化. 用命题公式描述实际问题就是把用自然语言描述的命题转化为命题公式,俗称命题符号化.

命题符号化的步骤:

(1)明确给定命题的含义;

(2)找出命题中的各原子命题,分别符号化;

(3)使用合适的逻辑联结词,将原子命题分别连接起来,组成复合命题的符号化形式.

命题符号化是不管具体内容而突出思维形式的一种方法.注意在命题符号化时,要正确地分析和理解自然语言命题,不能仅凭文字的字面意思进行翻译.

例 2-7 将下列命题符号化.

(1)李明这学期选修了三门计算机课和一门英语课.

(2)如果明天不下雨,我就上街买书.

解 (1)原命题包含两个简单命题:李明这学期选修了三门计算机课;李明这学期选修了一门英语课.原命题等价于“李明这学期选修了三门计算机课并且李明这学期选修了一门英语课”.

设 p:李明这学期选修了三门计算机课. q:李明这学期选修了一门英语课.则原命题可表示为 $p \wedge q$.

(2)原命题包含两个简单命题:明天下雨;我上街买书.原命题等价于:“如果明天不下雨,则我上街买书”.

设 p:明天下雨. q:我上街买书.则原命题可表示为 $(\neg p) \rightarrow q$.

在自然语言中有许多同义词、近义词,有时在联结词的选用上会遇到一些困难,为此,下面介绍一些常见的自然语言词语与逻辑联结词之间的对应关系.

与¬对应的词语 汉语中表示否定的词语有不、非、没、无、否等.

例 2-8 将下列命题符号化.

(1)安娜是一个女生.

(2)玛丽不是男生.

解 (1)设 p:安娜是一个女生.则原命题可表示为 p.

(2)设 q:玛丽是男生.则原命题可表示为 $\neg q$.

与∧对应的词语 汉语中表示同时并存性判断的联结词有并且、也、不但……而且……、既……又……、不仅……而且……、虽然……但是……等,逗号“,”也可以用来表示同时并存的判断.

例 2-9 将下列命题符号化.

(1)李平既聪明又用功.

(2)李平虽然聪明,但不用功.

(3)李平不但聪明,而且用功.

(4)李平不是不聪明,而是不用功.

解　设 p:李平聪明. q:李平用功. 则(1)、(2)、(3)、(4)命题可分别表示为 $p \wedge q$, $p \wedge \neg q$, $p \wedge q$ 和 $\neg(\neg p) \wedge \neg q$.

注意:用命题公式描述实际问题,要尽量"忠于原文",例 2-9 中的(4)不能解答为 $p \wedge \neg q$. 虽然公式 p 和 $\neg(\neg p)$ 有相同的真值,但它们是不同的公式.

与 $\vee$ 对应的词语　汉语中表示选择性判断的联结词有或者……或者……、可能……也可能……、要么……要么……、不是……就是……等. 选择性判断有两种:**一是相容选择,二是不相容选择**. 相容选择是指在列出的几种选择中至少有一种选择成立,也可以有多个选择成立;不相容选择是指在列出的几种选择中有且只有一种选择成立,不能有多种选择同时成立. 相容选择对应的命题公式是 $p \vee q$,不相容选择对应的命题公式是 $(p \wedge \neg q) \vee (\neg p \wedge q)$.

例 2-10　将下列命题符号化.

(1)考试答题可用钢笔或圆珠笔.

(2)格林是北京大学 2015 届本科生或清华大学 2015 届本科生.

(3)小王现在在宿舍或在图书馆.

解　(1)设 p:考试答题可用钢笔. q:考试答题可用圆珠笔. 则原命题可表示为 $p \vee q$.

(2)设 p:格林是北京大学 2015 届本科生. q:格林是清华大学 2015 届本科生. 则原命题可表示为 $(p \wedge \neg q) \vee (\neg p \wedge q)$. 这里的"或"是不相容选择,所以不能用 $p \vee q$.

(3)设 p:小王在宿舍. q:小王在图书馆. 这里的"或"是不相容选择,小王在宿舍和在图书馆不能同时发生,因而原命题可以表示为 $(p \wedge \neg q) \vee (\neg p \wedge q)$.

与 $\rightarrow$ 对应的词语　汉语中表示蕴涵关系判断的联结词有如果……则……、只要……就……、有……就……、一旦……就……、只有……才……、除非……才……等. 蕴涵关系判断有两类:**一是充分条件型蕴涵**,对应的命题公式类型是 $p \rightarrow q$,汉语中常见的联结词有如果……则……、只要……就……、有……就……、一旦……就……;**二是必要条件型蕴涵**,对应的命题公式类型是 $\neg p \rightarrow \neg q$,汉语中常见的联结词有只有……才……、除非……才……等.

例 2-11　将下列命题符号化.

(1)只要不下雨,我就骑自行车上班.

(2)只有不下雨,我才骑自行车上班.

(3)只有你走,我才留下.

解　在(1)、(2)中设 p:天下雨. q:我骑自行车上班. 在(1)中, $\neg p$ 是充分条件,因而符号化为 $\neg p \rightarrow q$. 在(2)中, $\neg p$ 是 q 的必要条件,因而应符号化为 $q \rightarrow \neg p$.

(3)这个命题的意义也可以理解为：如果我留下了，那么你一定走了. 设 p：你走. q：我留下. 则命题符号化为 $q\rightarrow p$.

与原命题类似的命题如：仅当你走我才留下. 我留下仅当你走. 当我留下你得走.

与↔对应的词语 汉语中表示同真同假判断的联结词有当且仅当、充分必要条件等.

例 2-12 将下列命题符号化.

(1)$a^2>0$ 的充分必要条件是 $a\neq 0$.

(2)$3+3=6$ 当且仅当石头会走路.

解 (1)设 p:$a^2>0$. q:$a\neq 0$. 则原命题可表示为 $p\leftrightarrow q$.

(2)设 p:$3+3=6$. q:石头会走路. 则原命题可表示为 $p\leftrightarrow q$.

注意:用命题公式表示一个命题时，只是把原命题写成公式的形式，不必分析命题是真的还是假的，也不必分析命题是否有实用意义.

例 2-13 将下列命题符号化.

(1)如果明天早上下雨或下雪，则我不去学校.

(2)如果明天早上不下雨且不下雪，则我去学校.

(3)如果明天早上不是雨夹雪，则我去学校.

(4)当且仅当明天早上不下雨且不下雪时，我才去学校.

解 设 p：明天早上下雨. q：明天早上下雪. r：我去学校.

(1)符号化为$(p\vee q)\rightarrow\neg r$.

(2)符号化为$(\neg p\wedge\neg q)\rightarrow r$.

(3)符号化为$\neg(p\wedge q)\rightarrow r$.

(4)符号化为$(\neg p\wedge\neg q)\leftrightarrow r$.

例 2-14 将下列命题符号化.

(1)如果小王和小张都不去，则小李去.

(2)如果小王和小张不都去，则小李去.

解 设 p：小王去. q：小张去. r：小李去.

(1)符号化为$(\neg p\wedge\neg q)\rightarrow r$.

(2)符号化为$(\neg p\vee\neg q)\rightarrow r$ 或$\neg(p\wedge q)\rightarrow r$.

例 2-15 将下列命题符号化.

(1)说离散数学无用且枯燥无味是不对的.

(2)若天不下雨，我就上街；否则在家.

解 对于(1)，设 p：离散数学是有用的. q：离散数学是枯燥无味的. 则命题符号化为$\neg(\neg p\wedge q)$.

对于(2)，设 p：天下雨. q：我上街. r：我在家. 则命题符号化为$(\neg p\rightarrow q)\wedge(p\rightarrow r)$.

通过上述例题可以看出，要正确地将自然语言中的联结词翻译成恰当的逻辑联结词，必须要正确地理解各原子命题之间的关系.

§2.2　命题公式及其赋值

2.2.1　命题公式

上一节介绍了五种常用的逻辑联结词，利用这些逻辑联结词可将具体的命题表示成符号化的形式. 对于较为复杂的命题，需要由这五种逻辑联结词经过各种相互组合以得到其符号化的形式，那么怎样的组合形式才是正确的、符合逻辑的表示形式呢？

定义 2-5　命题逻辑中合法的命题结构称为**命题公式**. 具体如下：

(1)单个的命题常项或变元是命题公式.

(2)如果 A 是命题公式，那么$\neg A$ 也是命题公式.

(3)如果 A,B 是命题公式，那么$(A\wedge B)$，$(A\vee B)$，$(A\rightarrow B)$，$(A\leftrightarrow B)$也是命题公式.

(4)有限次地应用(1)～(3)所得到的包含命题变元、联结词和括号的符号串是命题公式(又称为**合式公式**，或简称为**公式**).

注意：定义中的符号 A,B 不同于具体公式里的 p,q,r 等符号，它可以用来表示任意的命题公式.

在命题公式的构造过程中，联结词的使用顺序不同会得到不同的公式，所以要用括号来区别联结词作用的顺序. 例如，公式$(p\vee q)\rightarrow r$ 与公式 $p\vee(q\rightarrow r)$是不同的两个公式.

例 2-16　设 A,B,C,D 都是公式，请问下列符号串中哪些是合式公式，哪些不是合式公式.

(1)$((A\wedge B)\rightarrow A)\rightarrow B$.

(2)$A\vee((B\wedge C)\leftrightarrow(A\wedge D))$.

(3)$(A\rightarrow B)\wedge(C\rightarrow A)$.

(4)$(A\rightarrow D)(B\wedge A)$.

(5)$(A\vee\rightarrow B)\rightarrow C$.

(6)$(A\rightarrow D\rightarrow B)\rightarrow C$.

解　(1)、(2)、(3)是合式公式，(4)、(5)、(6)不是合式公式.

联结词的运算优先次序　为了减少命题公式中使用括号的数量，规定：

(1)逻辑联结词的优先级别由高到低依次为$\neg$；$\wedge$，$\vee$；$\rightarrow$，$\leftrightarrow$，即优先级最高是$\neg$；其次是$\wedge$，$\vee$，其中$\wedge$与$\vee$同级；最后是$\rightarrow$，$\leftrightarrow$，其中$\rightarrow$与$\leftrightarrow$同级.

(2)具有相同级别的联结词,按出现的先后次序进行计算,括号可以省略.例如,$(p \vee q) \vee r$ 可写成 $p \vee q \vee r$.而 $p \rightarrow (q \rightarrow r)$ 的括号不能省略.

(3)命题公式的最外层括号可以省去.例如,$((p \leftrightarrow q) \rightarrow r)$ 可以写成 $(p \leftrightarrow q) \rightarrow r$.

联结词优先次序与括号的应用 在公式中使用括号和联结词的优先次序是为了使公式表达式更简洁、公式的层次结构更分明,应该以可读性好、易于理解为原则.

例如,公式 $p \rightarrow \neg\neg\neg q \vee r$ 的运算次序是明确的,若写成 $p \rightarrow (\neg\neg\neg q \vee r)$,则公式就更简明.若将公式写成 $p \rightarrow (\neg(\neg(\neg q)) \vee r)$,则用括号太多,让人眼花缭乱.

定义 2-6 设 P 是命题公式 Q 的一部分,且 P 也是命题公式,则称 P 为 Q 的**子公式**.

例 2-17 写出公式 $p \wedge q \rightarrow (r \vee \neg q \rightarrow s)$ 的所有子公式.

解 公式 $p \wedge q \rightarrow (r \vee \neg q \rightarrow s)$ 共有 9 个子公式:$p, q, r, s, \neg q, p \wedge q, r \vee \neg q, r \vee \neg q \rightarrow s, p \wedge q \rightarrow (r \vee \neg q \rightarrow s)$.

定义 2-7 设 A 是一个合式公式,则按公式的结构将公式 A 的**层数**定义如下:

(1)若 A 是不带联结词的命题公式,则 A 是 0 层公式;

(2)若 $A=\neg B$,且 B 是 n 层公式,则 A 是 $n+1$ 层公式;

(3)若 $A=B \wedge C$,或 $A=B \vee C$,或 $A=B \rightarrow C$,或 $A=B \leftrightarrow C$,且 B 是 i 层公式,C 是 j 层公式,$n=\max\{i,j\}$,则 A 是 $n+1$ 层公式.

例 2-18 设 p, q, r, s 都是命题变元,请指出下列公式的层数:

$$p;\ q \rightarrow \neg r \vee s;\ p \wedge q \rightarrow r \vee s.$$

解 p 是 0 层公式;$q \rightarrow \neg r \vee s$ 是 3 层公式;$p \wedge q \rightarrow r \vee s$ 是 2 层公式.

公式的赋值 一个含有命题变元的命题公式的真值是不确定的,只有对它的每个命题变元用指定的命题常项代替后,命题公式有唯一确定的真值,命题公式才变成命题.

例如,命题公式 $(p \wedge q) \rightarrow r$ 中,指定 p 为“2 是素数”,q 为“3 是奇数”,r 为“4 能被 2 整除”,则 $(p \wedge q) \rightarrow r$ 是真命题,若 p, q 的指定不变,而 r 为“3 能被 2 整除”,则 $(p \wedge q) \rightarrow r$ 就变成假命题.

定义 2-8 设 $p_1, p_2, \cdots, p_n$ 是出现在命题公式 A 中的全部命题变元,给 $p_1, p_2, \cdots, p_n$ 各指定一个真值,称为对公式 A 的一个**赋值**(或**解释**或**真值指派**).

若指定的一组值使公式 A 的真值为 1,则这组值称为公式 A 的**成真赋值**.

若指定的一组值使公式 A 的真值为 0,则这组值称为公式 A 的**成假赋值**.

例如,对公式 $(p \wedge q) \rightarrow r$ 赋值 011,即令 $p=0, q=1, r=1$,则可得到公式的真值为 1;若赋值 110,则公式真值为 0.因此,011 为公式的一个成真赋值;110 为公式的一个成假赋值.除了上述两种赋值外,公式的赋值还有 000,001,….

一般的结论:在含有 n 个命题变元的命题公式中,共有 2^n 种赋值.

为了更深入、更系统地研究命题公式的真值与其子公式的真值之间的关系，下面介绍一种称为列真值表的方法.

2.2.2　公式的解释与真值表

定义 2-9　设 A 是一个命题公式，把公式 A 及其所有子公式的真值按一种直观、方便的顺序列成一张表，这样的表称为公式 A 的**真值表**.

所有命题公式都是由原子公式及五个命题联结词$\neg$，$\wedge$，$\vee$，$\rightarrow$，$\leftrightarrow$递归构成的，只要弄清楚单独使用这五个联结词构成的复合公式的真值表（见表 2-1～表 2-5）及其性质，就可以掌握用真值表研究命题公式的方法.

表 2-1　¬的真值表

p	$\neg q$
0	1
1	0

表 2-2　∧的真值表

p	q	$p\wedge q$
0	0	0
0	1	0
1	0	0
1	1	1

表 2-3　∨的真值表

p	q	$p\vee q$
0	0	0
0	1	1
1	0	1
1	1	1

表 2-4　→的真值表

p	q	$p\rightarrow q$
0	0	1
0	1	1
1	0	0
1	1	1

表 2-5　↔的真值表

p	q	$p\leftrightarrow q$
0	0	1
0	1	0
1	0	0
1	1	1

表 2-1～表 2-5 是研究公式真值表的基础，务必理解并牢记它们的性质.

(1)公式$\neg p$ 的真值与其子公式 p 的真值之间的关系是“取反”关系，即$\neg p$ 的真值与 p 的真值恰好相反；

(2)公式 $p\wedge q$ 的真值与其子公式 p 和 q 的真值之间的关系是“同时取真”关系，即只有 p 和 q 的真值同时为 1 时，$p\wedge q$ 才为 1，其他情况下，$p\wedge q$ 的真值都是 0；

(3)公式 $p\vee q$ 的真值与其子公式 p 和 q 的真值之间的关系是“选择取真”关系，即只要 p 和 q 的真值有一个为 1 时，$p\vee q$ 就为 1，只有 p 和 q 的真值都为 0 时，$p\vee q$ 才是 0；

(4)公式 $p\rightarrow q$ 的真值与其子公式 p 和 q 的真值之间的关系是“除非前真后假”关

系,即只有 p 的真值为 1 同时 q 的真值为 0 时,$p\rightarrow q$ 的真值才为 0,其他情况下,$p\rightarrow q$ 的真值都是 1;

(5)公式 $p\leftrightarrow q$ 的真值与其子公式 p 和 q 的真值之间的关系是"同真同假"关系,即如果 p 和 q 的真值同时为 1,或同时为 0,则 $p\leftrightarrow q$ 的真值为 1;如果 p 和 q 的真值有一个为 1,而另一个为 0,则 $p\leftrightarrow q$ 的真值是 0.

构造真值表的步骤 为了准确地列出一个公式的真值表,应该按下面的步骤进行操作:

(1)按联结词的运算优先次序在公式中适当地加上括号,使公式显示出明确的层次结构;

(2)找出公式中所有互不相同的命题变元及所有子公式;

(3)将所有互不相同的命题变元,按字母(或下标)排序的先后次序从左到右排列,并在命题变元的下方列出公式的所有真值指派,依次为 000…000,000…001,000…010,000…011,…,111…111;

(4)按公式层次从低到高排列子公式,对层次相同的子公式,按公式中联结词的运算顺序从左到右排列;

(5)对每组真值指派,逐个计算各子公式的真值,直至得到整个公式的真值表.

例 2-19 列出公式 $p\wedge q\rightarrow\neg r\vee p$ 的真值表.

解 (1)在公式中加括号得 $(p\wedge q)\rightarrow((\neg r)\vee p)$.

(2)列出所有的子公式:$p,q,r,\neg r,p\wedge q,(\neg r)\vee p,(p\wedge q)\rightarrow((\neg r)\vee p)$.

(3)把所有互不相同的命题变元 p,q,r 按字母排序的先后次序从左到右排放在表头的最左边,并在 p,q,r 的下方列出公式的所有赋值,依次为 000,001,010,011,100,101,110,111.

(4)按公式层次从低到高排列子公式:$\neg r,p\wedge q,(\neg r)\vee p,(p\wedge q)\rightarrow((\neg r)\vee p)$.

(5)对每组真值指派逐个计算子公式的真值,直至得到整个公式的真值,见表 2-6.

表 2-6 $p\wedge q\rightarrow\neg r\vee p$ **的真值表**

p	q	r	$\neg r$	$p\wedge q$	$(\neg r)\vee p$	$(p\wedge q)\rightarrow((\neg r)\vee p)$
0	0	0	1	0	1	1
0	0	1	0	0	0	1
0	1	0	1	0	1	1
0	1	1	0	0	0	1
1	0	0	1	0	1	1
1	0	1	0	0	1	1
1	1	0	1	1	1	1
1	1	1	0	1	1	1

2.2.3 命题公式的分类

根据命题公式在各组赋值下真值的取值情况，可将命题公式分为三种类型：重言式、矛盾式和可满足式.

定义 2-10　设 A 是一个命题公式.

(1)若 A 的每一组赋值都使 A 的真值为 1，则称 A 为**重言式或永真式**；

(2)若 A 的每一组赋值都使 A 的真值为 0，则称 A 为**矛盾式或永假式**；

(3)若至少存在一组赋值使 A 的真值为 1，则称 A 为**可满足式**.

给定一个命题公式，判断其类型的一种方法就是利用命题公式的真值表. 若真值表最后一列全为 1，则对应的命题公式为重言式；若最后一列全为 0，则对应的命题公式为矛盾式；若最后一列既有 0 又有 1，则为可满足式.

例 2-20　判断下列公式的类型.

(1)$p\vee\neg p$；　(2)$p\wedge q\rightarrow q$；　(3)$p\vee q$；　(4)$p\wedge q\wedge\neg p$；　(5)$p\rightarrow(q\vee r)$.

解　公式(1)(2)(3)(4)(5)的真值表分别见表 2-7～表 2-11.

表 2-7　$p\vee\neg p$ 的真值表

p	$\neg p$	$p\vee\neg p$
0	1	1
1	0	1

表 2-8　$p\wedge q\rightarrow q$ 的真值表

p	q	$p\wedge q$	$p\wedge q\rightarrow q$
0	0	0	1
0	1	0	1
1	0	0	1
1	1	1	1

表 2-9　$p\vee q$ 的真值表

p	q	$p\vee q$
0	0	0
0	1	1
1	0	1
1	1	1

表 2-10　$p\wedge q\wedge\neg p$ 的真值表

p	q	$\neg p$	$p\wedge q$	$p\wedge q\wedge\neg p$
0	0	1	0	0
0	1	1	0	0
1	0	0	0	0
1	1	0	1	0

表 2-11 $p\to(q\vee r)$的真值表

p	q	r	$q\vee r$	$p\to(q\vee r)$
0	0	0	0	1
0	0	1	1	1
0	1	0	1	1
0	1	1	1	1
1	0	0	0	0
1	0	1	1	1
1	1	0	1	1
1	1	1	1	1

由真值表可以看出(1)和(2)都是重言式;(4)是矛盾式;(3)和(5)都是可满足式.

§2.3 等值演算

研究命题公式等值是为了更好地认清那些在形式上不同而在本质上却是一样的公式,以便在推理过程中选用合适的公式形式.例如,公式$\neg(p\vee q)$与公式$\neg p\wedge\neg q$同真假.

有些命题公式能明确表达某种信息,而有些则不能.例如,从公式$(q\to p)\vee q$很难看出这是一个重言式,但把公式做一个变形,写成与之有完全相同的真值公式$(\neg q\vee p)\vee q$,就容易看出这是一个重言式.

2.3.1 常用等值式

定义 2-11 设A,B为两个命题公式,若公式$A\leftrightarrow B$是重言式,则称A**与**B**等值**,记作$A\Leftrightarrow B$.

注意:定义中的符号$\Leftrightarrow$不是联结词符号,只是当A与B等值时,用来代表"A与B等值"的一个记号,不能把$\Leftrightarrow$与$\leftrightarrow$或$=$混为一谈.

命题逻辑中,两个公式等值是指:对公式的任何一组赋值,这两个公式都有相同的真值.

命题公式的**等值演算**是命题公式的一种等值变形,即把命题公式从一种形式变换为另一种形式,同时保持公式的真值不变.也就是说,对于给定的一组赋值,公式变形前与变形后的真值是一样的.演算就是一种变形方法.

例 2-21 判断下列公式是否等值:

(1)$\neg(p\vee q)$与$\neg p\vee\neg q$.

(2)$\neg(p \vee q)$与$\neg p \wedge \neg q$.

解　列出$\neg(p \vee q)$与$\neg p \vee \neg q$及$\neg p \wedge \neg q$的真值表(见表 2-12),可知,(1)中的$\neg(p \vee q)$与$\neg p \vee \neg q$不是等值的;而(2)中的$\neg(p \vee q)$与$\neg p \wedge \neg q$等值,即有$\neg(p \vee q) \Leftrightarrow \neg p \wedge \neg q$.

表 2-12　$\neg(p \vee q)$与$\neg p \vee \neg q$及$\neg p \wedge \neg q$的真值表

p	q	$p \vee q$	$\neg(p \vee q)$	$\neg p$	$\neg q$	$\neg p \vee \neg q$	$\neg p \wedge \neg q$
0	0	0	1	1	1	1	1
0	1	1	0	1	0	1	0
1	0	1	0	0	1	1	0
1	1	1	0	0	0	0	0

常用的等值式　若公式 A 与公式 B 等值,即 $A \Leftrightarrow B$ 成立,则称 $A \Leftrightarrow B$ 为一个**等值式**.从公式的等值式中可以找到命题联结词运算的一些规律.

下面介绍一些常用的等值式,其中,A,B,C 是任意的命题公式.

(1)**$\neg$的双重否定律**　$A \Leftrightarrow \neg\neg A$.

(2)**交换律**　$A \wedge B \Leftrightarrow B \wedge A$;

$A \vee B \Leftrightarrow B \vee A$.

(3)**结合律**　$(A \wedge B) \wedge C \Leftrightarrow A \wedge (B \wedge C)$;

$(A \vee B) \vee C \Leftrightarrow A \vee (B \vee C)$.

由于运算$\wedge$满足结合律,因此,可以忽略$\wedge$运算的结合次序,而把公式 $A \wedge (B \wedge C)$ 写成 $A \wedge B \wedge C$.

(4)**幂等律**　$A \Leftrightarrow A \wedge A$;

$A \Leftrightarrow A \vee A$.

不难看出,由于合取运算$\wedge$满足幂等律,所以 $A \Leftrightarrow A \wedge A \Leftrightarrow A \wedge A \wedge \cdots \wedge A$.

(5)**分配律**　$A \vee (B \wedge C) \Leftrightarrow (A \vee B) \wedge (A \vee C)$;

$(B \wedge C) \vee A \Leftrightarrow (B \vee A) \wedge (C \vee A)$;

$A \wedge (B \vee C) \Leftrightarrow (A \wedge B) \vee (A \wedge C)$;

$(B \vee C) \wedge A \Leftrightarrow (B \wedge A) \vee (C \wedge A)$.

$\vee$对$\wedge$的分配律和$\wedge$对$\vee$的分配律类似于集合运算中$\cup$对$\cap$的分配律和$\cap$对$\cup$的分配律.数学中也有分配律存在,如实数的乘法运算对加法运算满足分配律,即 $a \times (b+c) = a \times b + a \times c$.

(6)**德・摩根律**　$\neg(A \vee B) \Leftrightarrow (\neg A) \wedge (\neg B)$;

$\neg(A \wedge B) \Leftrightarrow (\neg A) \vee (\neg B)$.

$\neg$与$\vee$及$\wedge$的德・摩根律有点像$\neg$对$\vee$及$\wedge$的分配律,但要注意$\wedge$变成$\vee$,$\vee$变成$\wedge$.

(7)**吸收律** $A \vee (A \wedge B) \Leftrightarrow A$;

$A \wedge (A \vee B) \Leftrightarrow A$.

两个特殊的命题常量 命题公式中的重言式都有一个特点:对于任何一组赋值,重言式的真值总是 1. 于是,把真值"1"看作一个命题常量,代表一个恒真命题. 可知,1 与所有的重言式等值. 例如,$1 \Leftrightarrow p \vee \neg p$. 同样地,把"0"看成一个命题常量,代表一个恒假命题. 因而,0 与所有的矛盾式等值. 例如,$0 \Leftrightarrow p \wedge \neg p$.

(8)**支配律** $A \wedge 0 \Leftrightarrow 0$;

$A \vee 1 \Leftrightarrow 1$.

0 对 $\wedge$ 的支配律表明:在一个合取式 $A_1 \wedge A_2 \wedge \cdots \wedge A_n$ 中,只要有一个合取项 $A_i(1 \leqslant i \leqslant n)$ 等值于 0,则公式 $A_1 \wedge A_2 \wedge \cdots \wedge A_n$ 与 0 等值. 这就是说,在合取式中 0 支配了合取式的真值.

同样地,1 对 $\vee$ 的支配律表明,在析取式中 1 支配了析取式的真值.

因此,在今后的公式等值演算中,若在合取式中发现有一个合取项为 0,则可用 0 替换该合取式;若在析取式中发现有一个析取项为 1,则可用 1 替换该析取式. 例如,$p \wedge (q \vee \neg q) \wedge (\neg p \to q) \wedge \neg p \Leftrightarrow 0$,$p \vee (q \to r) \vee (\neg q \wedge p) \vee \neg p \Leftrightarrow 1$.

(9)**同一律** $A \wedge 1 \Leftrightarrow A$;

$A \vee 0 \Leftrightarrow A$.

(10)**排中律** $A \vee \neg A \Leftrightarrow 1$.

排中律是指对任何命题 A,A 与 $\neg A$ 必有一个为真,非此即彼,不能有第三种情况.

(11)**矛盾律** $A \wedge \neg A \Leftrightarrow 0$.

矛盾律是指对任何命题 A,A 与 $\neg A$ 不能同时成立.

(12)**蕴涵-析取等值式** $A \to B \Leftrightarrow \neg A \vee B$.

蕴涵式 $A \to B$ 代表命题"如果 A 成立,则 B 成立";$\neg A \vee B$ 代表命题"或者 A 不成立,或者 B 成立". 从公式的真值角度看,它们有相同的真值.

(13)**同真-双向蕴涵等值式** $A \leftrightarrow B \Leftrightarrow (A \to B) \wedge (B \to A)$.

(14)**逆否蕴涵等值式** $A \to B \Leftrightarrow \neg B \to \neg A$.

2.3.2 等值演算的应用

有了上述基本等值式后,不用真值表法就可以推演出更多的等值式.

等值演算 根据已知的等值式,推演出另外一些等值式的过程称为**等值演算**.

在进行演算时,往往用到置换规则. 置换规则是推理过程中经常用到的一个规则,这个规则可简单地表述为:若公式中的某个子公式被一个等值的公式所替换,那么,所得到的新公式与原公式等值.

定理 2-1(置换定理,也称置换规则) 设 $\Phi(A)$ 是含子公式 A 的一个命题公式,$\Phi(B)$

是用公式 B 取代 $\Phi(A)$ 中的一些 A 或所有的 A 之后得到的公式，若 A 与 B 等值，则 $\Phi(A)=\Phi(B)$.

例如，用公式 $\neg B\vee C$ 替换公式 $A\vee(B\to C)$ 中的 $B\to C$，所得到的新公式 $A\vee(\neg B\vee C)$ 与原公式 $A\vee(B\to C)$ 等值.

例 2-22　用等值演算法证明下列式子等值.

(1) $p\to(q\to r)\Leftrightarrow(p\wedge q)\to r$.

(2) $p\Leftrightarrow(p\wedge q)\vee(p\wedge\neg q)$.

解　(1) $p\to(q\to r)$

$\Leftrightarrow\neg p\vee(q\to r)$　　蕴涵-析取等值式

$\Leftrightarrow\neg p\vee(\neg q\vee r)$　　蕴涵-析取等值式，置换规则

$\Leftrightarrow(\neg p\vee\neg q)\vee r$　　结合律

$\Leftrightarrow\neg(p\wedge q)\vee r$　　德·摩根律，置换规则

$\Leftrightarrow(p\wedge q)\to r$　　蕴涵-析取等值式

(2) p

$\Leftrightarrow p\wedge 1$　　同一律

$\Leftrightarrow p\wedge(q\vee\neg q)$　　排中律，置换规则

$\Leftrightarrow(p\wedge q)\vee(p\wedge\neg q)$　　分配律

在演算的每一步中，都用了置换规则. 在上述演算中，是从左边公式开始进行的，也可以从右边开始演算.

例 2-23　判断下列公式的类型.

(1) $q\vee\neg((\neg p\vee q)\wedge p)$.

(2) $(p\vee\neg p)\to((q\wedge\neg q)\wedge r)$.

(3) $(p\to q)\wedge\neg p$.

解　(1) $q\vee\neg((\neg p\vee q)\wedge p)$

$\Leftrightarrow q\vee\neg((\neg p\wedge p)\vee(q\wedge p))$　　分配律，置换规则

$\Leftrightarrow q\vee\neg(0\vee(q\wedge p))$　　矛盾律，置换规则

$\Leftrightarrow q\vee\neg(q\wedge p)$　　同一律，置换规则

$\Leftrightarrow q\vee(\neg q\vee\neg p)$　　德·摩根律，置换规则

$\Leftrightarrow(q\vee\neg q)\vee\neg p$　　结合律，置换规则

$\Leftrightarrow 1\vee\neg p$　　排中律，置换规则

$\Leftrightarrow 1$　　支配律

由此可知，(1)是重言式.

(2) $(p\vee\neg p)\to((q\wedge\neg q)\wedge r)$

$\Leftrightarrow 1\to((q\wedge\neg q)\wedge r)$　　排中律，置换规则

$\Leftrightarrow 1 \to (0 \wedge r)$　　矛盾律,置换规则

$\Leftrightarrow 1 \to 0$　　支配律,置换规则

$\Leftrightarrow \neg 1 \vee 0$　　蕴涵-析取等值式

$\Leftrightarrow 0 \vee 0$　　置换规则

$\Leftrightarrow 0$　　幂等律

由此可知,(2)是矛盾式.

(3)$(p \to q) \wedge \neg p$

$\Leftrightarrow (\neg p \vee q) \wedge \neg p$　　蕴涵-析取等值式,置换规则

$\Leftrightarrow \neg p$　　吸收律

由演算结果可知,当 p 的取值为 1 时,(3)的真值为 0,当 p 取值为 0 时,(3)的真值为 1. 所以,(3)是可满足式.

例 2-24 用等值演算解决下面的问题.

有 A,B,C,D 四人参加百米赛跑,观众甲、乙、丙预测比赛的名次如下:

甲说:C 第一,B 第二;

乙说:C 第二,D 第三;

丙说:A 第二,D 第四;

比赛结束后发现甲、乙、丙每人的预测都只对一半,试问实际名次如何(假定没有并列者).

解 设 p_i,q_i,r_i,s_i 分别表示 A 第 i 名、B 第 i 名、C 第 i 名、D 第 i 名.

因为没有名次并列者,所以 p_i,q_i,r_i,s_i 中各有一个真命题. 由于每人的预测都只对一半,所以,以下三式成立:

(1)$(r_1 \wedge \neg q_2) \vee (\neg r_1 \wedge q_2) \Leftrightarrow 1$;

(2)$(r_2 \wedge \neg s_3) \vee (\neg r_2 \wedge s_3) \Leftrightarrow 1$;

(3)$(p_2 \wedge \neg s_4) \vee (\neg p_2 \wedge s_4) \Leftrightarrow 1$.

真命题的合取式仍然为真命题($1 \wedge 1 \Leftrightarrow 1$),于是有

$1 \Leftrightarrow (1) \wedge (2)$

$\Leftrightarrow ((r_1 \wedge \neg q_2) \vee (\neg r_1 \wedge q_2)) \wedge ((r_2 \wedge \neg s_3) \vee (\neg r_2 \wedge s_3))$

$\Leftrightarrow ((r_1 \wedge \neg q_2) \wedge ((r_2 \wedge \neg s_3) \vee (\neg r_2 \wedge s_3))) \vee ((\neg r_1 \wedge q_2) \wedge ((r_2 \wedge \neg s_3) \vee (\neg r_2 \wedge s_3)))$

$\Leftrightarrow ((r_1 \wedge \neg q_2 \wedge r_2 \wedge \neg s_3) \vee (r_1 \wedge \neg q_2 \wedge \neg r_2 \wedge s_3)) \vee ((\neg r_1 \wedge q_2 \wedge r_2 \wedge \neg s_3) \vee$
$(\neg r_1 \wedge q_2 \wedge \neg r_2 \wedge s_3))$.

由于 C 不能既第一又第二,又 B 和 C 不能都第二,所以

$$(r_1 \wedge \neg q_2 \wedge r_2 \wedge \neg s_3) \Leftrightarrow 0;$$

$$(\neg r_1 \wedge q_2 \wedge r_2 \wedge \neg s_3) \Leftrightarrow 0.$$

于是根据同一律得

(4) $(r_1 \wedge \neg q_2 \wedge \neg r_2 \wedge s_3) \vee (\neg r_1 \wedge q_2 \wedge \neg r_2 \wedge s_3) \Leftrightarrow 1$.

又由(3)和(4)产生新的公式：

$$\begin{aligned}
1 &\Leftrightarrow (3) \wedge (4) \\
&\Leftrightarrow ((p_2 \wedge \neg s_4) \vee (\neg p_2 \wedge s_4)) \wedge ((r_1 \wedge \neg q_2 \wedge \neg r_2 \wedge s_3) \vee (\neg r_1 \wedge q_2 \wedge \neg r_2 \wedge s_3)) \\
&\Leftrightarrow (p_2 \wedge \neg s_4 \wedge r_1 \wedge \neg q_2 \wedge \neg r_2 \wedge s_3) \vee (p_2 \wedge \neg s_4 \wedge \neg r_1 \wedge q_2 \wedge \neg r_2 \wedge s_3) \vee \\
&\quad (\neg p_2 \wedge s_4 \wedge r_1 \wedge \neg q_2 \wedge \neg r_2 \wedge s_3) \vee (\neg p_2 \wedge s_4 \wedge \neg r_1 \wedge q_2 \wedge \neg r_2 \wedge s_3).
\end{aligned}$$

由于 A,B 不能同时第二，D 不能既第三又第四，所以

$$(p_2 \wedge \neg s_4 \wedge \neg r_1 \wedge q_2 \wedge \neg r_2 \wedge s_3) \Leftrightarrow 0;$$
$$(\neg p_2 \wedge s_4 \wedge r_1 \wedge \neg q_2 \wedge \neg r_2 \wedge s_3) \Leftrightarrow 0;$$
$$(\neg p_2 \wedge s_4 \wedge \neg r_1 \wedge q_2 \wedge \neg r_2 \wedge s_3) \Leftrightarrow 0.$$

由同一律得到

$$\begin{aligned}
&r_1 \wedge \neg q_2 \wedge \neg r_2 \wedge s_3 \wedge p_2 \wedge \neg s_4 \\
\Leftrightarrow &1
\end{aligned}$$

由于 r_1, p_2, s_3 都是真命题，所以可以确定 C 第一名，A 第二名，D 第三名，B 第四名.

§2.4　范　式

从上节可知，存在大量互不相同的命题公式，实际上互为等价. 因此，有必要引入命题公式的标准形式，使得相互等价的命题公式具有相同的标准形式. 这无疑对判定两个命题公式是否等价以及判定命题公式的类型是一种好方法，同时对命题公式的简化和推证也是十分有益的.

2.4.1　范式的基本概念

范式是一种正规形式，或标准形式. 范式给各种千变万化的公式提供一个统一的表达形式，同时，范式的研究对命题演算的发展起到了极其重要的作用.

例如，公式 $((p \to q) \wedge p) \to q$ 很难判断其类型，但公式 $q \vee \neg q \vee \neg p$ 就容易看出该公式为重言式，$((p \to q) \wedge p) \to q \Leftrightarrow q \vee \neg q \vee \neg p$，所以可以判断 $((p \to q) \wedge p) \to q$ 为重言式.

定义 2-12　由有限个命题变元或命题变元的否定构成的析取式称为**简单析取式**. 由有限个命题变元或命题变元的否定构成的合取式称为**简单合取式**.

$p, q, \neg p, \neg q, p \vee q, q \vee \neg q \vee \neg p, q \vee \neg q \vee \neg r$ 等都是简单析取式；$p, q, \neg p, \neg q, p \wedge q, q \wedge \neg q \wedge \neg p, q \wedge \neg q \wedge \neg r$ 等都是简单合取式.

从定义不难看出以下两点：

(1)一个简单析取式是重言式,当且仅当它同时含有一个命题变元及其否定;

(2)一个简单合取式是矛盾式,当且仅当它同时含有一个命题变元及其否定.

例如,简单解析式 $q \vee \neg q \vee \neg p$ 是重言式. 简单合取式 $q \wedge \neg q \wedge \neg p$ 是矛盾式.

定义 2-13 由有限个简单合取式构成的析取式称为**析取范式**.

设 $A = A_1 \vee A_2 \vee \cdots \vee A_n$,其中 $A_i(i=1,2,\cdots,n)$ 为简单合取式,则 A 是析取范式,形式为

$$(\text{简单合取式 }1) \vee (\text{简单合取式 }2) \vee \cdots \vee (\text{简单合取式 }n)$$

例如,p,$p \vee q$,$p \vee (q \wedge \neg r) \vee r$ 都是析取范式,而 $(p \wedge q) \vee (q \rightarrow r) \vee r$ 不是析取范式.

定义 2-14 由有限个简单析取式构成的合取式称为**合取范式**.

设 $A = A_1 \wedge A_2 \wedge \cdots \wedge A_n$,其中 $A_i(i=1,2,\cdots,n)$ 为简单析取式,则 A 是合取范式,形式为

$$(\text{简单析取式 }1) \wedge (\text{简单析取式 }2) \wedge \cdots \wedge (\text{简单析取式 }n)$$

例如,p,$p \wedge q$,$(p \vee r) \wedge \neg r \wedge (\neg q \vee r)$都是合取范式,而 $(p \vee q) \wedge (q \rightarrow r) \wedge r$ 不是合取范式.

析取范式和合取范式有下列性质:

(1)一个析取范式是矛盾式,当且仅当它的每个简单合取式都是矛盾式;

(2)一个合取范式是重言式,当且仅当它的每个简单析取式都是重言式.

定理 2-2 对于任何一个命题公式,都存在着与之等值的析取范式和合取范式.

求公式的析取范式或合取范式的步骤 假定公式不含$\neg$, $\vee$, $\wedge$, $\rightarrow$, $\leftrightarrow$ 以外的联结词.

(1)用同真-双向蕴涵等值式消去联结词$\leftrightarrow$:$A \leftrightarrow B \Leftrightarrow (A \rightarrow B) \wedge (B \rightarrow A)$;

(2)用蕴涵-析取等值式消去联结词$\rightarrow$:$A \rightarrow B \Leftrightarrow \neg A \vee B$;

(3)用双重否定律消去连续出现的多个联结词$\neg$:$A \Leftrightarrow \neg\neg A$;

(4)用德·摩根律将括号外的否定联结词$\neg$内移,直至紧靠命题变项或消去$\neg$:

$$\neg(A \vee B) \Leftrightarrow (\neg A) \wedge (\neg B), \neg(A \wedge B) \Leftrightarrow (\neg A) \vee (\neg B);$$

(5)用 $\wedge$ 对 $\vee$ 的分配律及 $\wedge$, $\vee$ 的结合律将公式整理为析取范式;

(6)用 $\vee$ 对 $\wedge$ 的分配律及 $\wedge$, $\vee$ 的结合律将公式整理为合取范式.

注意:任何命题公式的析取范式和合取范式都不是唯一的.

例 2-25 求下面命题公式的析取范式和合取范式.

$$((p \vee q) \rightarrow r) \rightarrow p.$$

解 (1)求原公式的析取范式.

$$((p \vee q) \rightarrow r) \rightarrow p \Leftrightarrow \neg((p \vee q) \rightarrow r) \vee p \qquad \text{消去第一个}\rightarrow$$

$$\Leftrightarrow \neg(\neg(p \vee q) \vee r) \vee p \qquad \text{消去第二个}\rightarrow$$

$$
\begin{aligned}
&\Leftrightarrow\neg((\neg p\wedge\neg q)\vee r)\vee p && \neg\text{内移}\\
&\Leftrightarrow(\neg(\neg p\wedge\neg q)\wedge\neg r)\vee p && \neg\text{内移}\\
&\Leftrightarrow((\neg\neg p\vee\neg\neg q)\wedge\neg r)\vee p && \neg\text{内移}\\
&\Leftrightarrow((p\vee q)\wedge\neg r)\vee p && \neg\text{消去}\\
&\Leftrightarrow(p\wedge\neg r)\vee(q\wedge\neg r)\vee p && \wedge\text{对}\vee\text{的分配律}\\
&\Leftrightarrow(q\wedge\neg r)\vee p && \text{吸收律}
\end{aligned}
$$

(2)求原公式的合取范式.

求合取范式与求析取范式的前 6 个步骤相同,在第 7 步用 $\vee$ 对 $\wedge$ 的分配律得到合取范式,即

$$
\begin{aligned}
((p\vee q)\to r)\to p &\Leftrightarrow\neg((p\vee q)\to r)\vee p\\
&\Leftrightarrow\neg(\neg(p\vee q)\vee r)\vee p\\
&\Leftrightarrow\neg((\neg p\wedge\neg q)\vee r)\vee p\\
&\Leftrightarrow(\neg(\neg p\wedge\neg q)\wedge\neg r)\vee p\\
&\Leftrightarrow((\neg\neg p\vee\neg\neg q)\wedge\neg r)\vee p\\
&\Leftrightarrow((p\vee q)\wedge\neg r)\vee p\\
&\Leftrightarrow(p\vee q\vee p)\wedge(\neg r\vee p)\\
&\Leftrightarrow(p\vee q)\wedge(\neg r\vee p).
\end{aligned}
$$

2.4.2 主析取范式

公式$(p\vee q)\wedge(\neg r\vee p)$和$(p\vee q\vee p)\wedge(\neg r\vee p)$都是公式$((p\vee q)\to r)\to p$的合取范式,这种不唯一的表达形式给研究问题带来了不便,为此,下面引进更标准的范式:主析取范式和主合取范式.

定义 2-15　在含 n 个命题变元 $p_1,p_2,\cdots,p_n$ 的简单合取式中,若每个命题变元与其否定不同时存在,而二者之一必出现且仅出现一次,并且出现的次序与 $p_1,p_2,\cdots,p_n$ 一致,这样的简单合取式称为**极小项**.

例如:

(1)一个命题变元 p,对应的极小项有 2 项:$p,\neg p$;

(2)两个命题变元 p,q 对应的极小项有 4 项:

$$\neg p\wedge\neg q,\neg p\wedge q,p\wedge\neg q,p\wedge q;$$

(3)三个命题变元 p,q,r 对应的极小项有 8 项:

$$\neg p\wedge\neg q\wedge\neg r,\neg p\wedge\neg q\wedge r,\neg p\wedge q\wedge\neg r,\neg p\wedge q\wedge r,$$
$$p\wedge\neg q\wedge\neg r,p\wedge\neg q\wedge r,p\wedge q\wedge\neg r,p\wedge q\wedge r.$$

可以证明,对于 n 个命题变元,可构成 2^n 个极小项.

下面讨论极小项的性质.

首先建立两个命题变元的真值表,见表 2-13.

表 2-13　两个命题变元的真值表

p	q	$\neg p \wedge \neg q$	$\neg p \wedge q$	$p \wedge \neg q$	$p \wedge q$
0	0	1	0	0	0
0	1	0	1	0	0
1	0	0	0	1	0
1	1	0	0	0	1

从真值表中可知：没有两个不同的极小项是等价的，且每个极小项只有一组真值指派使该极小项的真值为 1，因此可以给极小项进行编码，使极小项为 1 的那组真值指派为对应的极小项编码，并将命题变元与 1 对应，命题变元的否定与 0 对应. 例如，极小项$\neg p \wedge \neg q$ 只有在 p，q 分别取 0，0 时才为真，所以对应可以用{0 0}来表示，有时又可以用 $m_{00}(m_0)$来表示.

由三个命题变元 p,q,r 产生的所有极小项可分别记为

$$m_0 = m_{000} = \neg p \wedge \neg q \wedge \neg r;$$
$$m_1 = m_{001} = \neg p \wedge \neg q \wedge r;$$
$$m_2 = m_{010} = \neg p \wedge q \wedge \neg r;$$
$$m_3 = m_{011} = \neg p \wedge q \wedge r;$$
$$m_4 = m_{100} = p \wedge \neg q \wedge \neg r;$$
$$m_5 = m_{101} = p \wedge \neg q \wedge r;$$
$$m_6 = m_{110} = p \wedge q \wedge \neg r;$$
$$m_7 = m_{111} = p \wedge q \wedge r.$$

定义 2-16　设 A 是含 n 个命题变元的公式，B 是 A 的一个析取范式，若 B 中每个简单合取式都是极小项，则称 B 是 A 的**主析取范式**.

析取范式与主析取范式的区别　公式 A 的析取范式要求析取式的每一个析取项都是简单合取式，而 A 的主析取范式要求析取式的每一个析取项都是 A 的极小项；简单合取式可以只含一个命题变元，也可以含多个命题变元，而公式 A 的极小项恰好含有 A 中所有 n 个不同的命题变元.

求公式的主析取范式的方法：

(1)等值演算法：先求出析取范式，然后转换为对应的主析取范式；

(2)真值表法：对公式的真值结果进行分解，分解成等价的极小项的析取，即可以求出相应的主析取范式.

例 2-26　求公式$((p \vee q) \rightarrow r) \rightarrow p$ 的主析取范式.

解　利用等值演算法：

$$
\begin{aligned}
&((p \lor q) \to r) \to p \\
\Leftrightarrow &\neg((p \lor q) \to r) \lor p \\
\Leftrightarrow &\neg(\neg(p \lor q) \lor r) \lor p \\
\Leftrightarrow &((p \lor q) \land \neg r) \lor p \\
\Leftrightarrow &(p \land \neg r) \lor (q \land \neg r) \lor p \\
\Leftrightarrow &((p \land \neg r) \land (q \lor \neg q)) \lor ((q \land \neg r) \land (p \lor \neg p)) \lor (p \land (q \lor \neg q)) \\
\Leftrightarrow &(p \land \neg r \land q) \lor (p \land \neg r \land \neg q) \lor (q \land \neg r \land p) \lor (q \land \neg r \land \neg p) \lor \\
&(p \land q) \lor (p \land \neg q) \\
\Leftrightarrow &(p \land \neg r \land q) \lor (p \land \neg r \land \neg q) \lor (q \land \neg r \land p) \lor (q \land \neg r \land \neg p) \lor \\
&((p \land q) \land (r \lor \neg r)) \lor ((p \land \neg q) \land (r \lor \neg r)) \\
\Leftrightarrow &(p \land q \land \neg r) \lor (p \land \neg q \land \neg r) \lor (p \land q \land \neg r) \lor (\neg p \land q \land \neg r) \lor \\
&(p \land q \land r) \lor (p \land q \land \neg r) \lor (p \land \neg q \land r) \lor (p \land \neg q \land \neg r) \\
\Leftrightarrow &(p \land q \land \neg r) \lor (p \land \neg q \land \neg r) \lor (\neg p \land q \land \neg r) \lor \\
&(p \land q \land r) \lor (p \land \neg q \land r) \\
\Leftrightarrow &m_{110} \lor m_{100} \lor m_{010} \lor m_{111} \lor m_{101} \\
\Leftrightarrow &m_{010} \lor m_{100} \lor m_{101} \lor m_{110} \lor m_{111} \\
\Leftrightarrow &m_2 \lor m_4 \lor m_5 \lor m_6 \lor m_7,
\end{aligned}
$$

所以，$((p \lor q) \to r) \to p$ 的主析取范式为 $m_2 \lor m_4 \lor m_5 \lor m_6 \lor m_7$.

根据上述例子，可总结出利用等值演算法求主析取范式的步骤如下：

(1)求公式 A 的一个析取范式 $A' = B_1 \lor B_2 \lor \cdots \lor B_k$.

(2)将 A'中不是极小项的简单合取式 $B_i(1 \leqslant i \leqslant k)$扩展为极小项，具体操作如下：

若 p_j 不在 B_i 中出现，则利用等值式

$$B_i \Leftrightarrow B_i \land 1 \Leftrightarrow B_i \land (p_j \lor \neg p_j) \Leftrightarrow (B_i \land \neg p_j) \lor (B_i \land \neg p_j)$$

将 B_i 扩展成两项的析取，每一项都含有 p_j；再用同样的方法继续扩展 B_i，直到将 B_i 扩展成若干极小项的析取式.

(3)用 $\land$ 的交换律、$\land$ 的结合律以及 $\lor$ 的幂等律将 A'整理成 A 的主析取范式.

例 2-27　求公式$(p \to q) \leftrightarrow r$ 的主析取范式.

解　利用真值表法求. 建立公式$(p \to q) \leftrightarrow r$ 的真值表和极小项的分解表，见表 2-14.

表 2-14　$(p \to q) \leftrightarrow r$ 的真值表和极小项的分解表

p	q	r	$(p \to q) \leftrightarrow r$	$\neg p \land \neg q \land r$	$\neg p \land q \land r$	$p \land \neg q \land \neg r$	$p \land q \land r$
0	0	0	0	0	0	0	0
0	0	1	1	1	0	0	0
0	1	0	0	0	0	0	0

续表

p	q	r	$(p\to q)\leftrightarrow r$	$\neg p\wedge\neg q\wedge r$	$\neg p\wedge q\wedge r$	$p\wedge\neg q\wedge\neg r$	$p\wedge q\wedge r$
0	1	1	1	0	1	0	0
1	0	0	1	0	0	1	0
1	0	1	0	0	0	0	0
1	1	0	0	0	0	0	0
1	1	1	1	0	0	0	1

将极小项全部进行析取后,得到公式$(p\to q)\leftrightarrow r$相应的主析取范式

$$(\neg p\wedge\neg q\wedge r)\vee(\neg p\wedge q\wedge r)\vee(p\wedge\neg q\wedge\neg r)\vee(p\wedge q\wedge r).$$

根据上述例子,可总结出利用真值表法求主析取范式的简要方法:由真值表,选出公式的真值结果为真的所有行,在这样的每一行中,找到其每一个解释所对应的极小项,将这些极小项进行析取即可得到相应的主析取范式.

例 2-28 求公式$\neg(p\to q)\vee r$的主析取范式.

解 找出真值表中真值为真的赋值

$$001,011,100,101,111.$$

写出对应的极小项

$$\neg p\wedge\neg q\wedge r,\neg p\wedge q\wedge r,p\wedge\neg q\wedge\neg r,p\wedge\neg q\wedge r,p\wedge q\wedge r.$$

将这些极小项析取,得到主析取范式

$$(\neg p\wedge\neg q\wedge r)\vee(\neg p\wedge q\wedge r)\vee(p\wedge\neg q\wedge\neg r)\vee(p\wedge\neg q\wedge r)\vee(p\wedge q\wedge r).$$

定理 2-3 任何命题公式都存在与其等值的主析取范式,并且公式的主析取范式是唯一的.

2.4.3 主合取范式

定义 2-17 在含n个命题变元$p_1,p_2,\cdots,p_n$的简单析取式中,若每个命题变元与其否定不同时存在,而二者之一必出现且仅出现一次,并且出现的次序与$p_1,p_2,\cdots,p_n$一致,这样的简单析取式称为**极大项**.

例如:

(1)一个命题变元p,对应的极大项有 2 项:$p,\neg p$;

(2)两个命题变元p,q对应的极大项有 4 项:

$$p\vee q,p\vee\neg q,\neg p\vee q,\neg p\vee\neg q;$$

(3)三个命题变元p,q,r对应的极大项有 8 项:

$$p\vee q\vee r,p\vee q\vee\neg r,p\vee\neg q\vee r,p\vee\neg q\vee\neg r,$$
$$\neg p\vee q\vee r,\neg p\vee q\vee\neg r,\neg p\wedge\neg q\wedge r,\neg p\wedge\neg q\wedge\neg r.$$

可以证明，对于 n 个命题变元，可构成 2^n 个极大项.

下面讨论极大项的性质.

首先建立两个命题变元的真值表，见表 2-15.

表 2-15　两个命题变元的真值表

p	q	$\neg p \vee \neg q$	$\neg p \vee q$	$p \vee \neg q$	$p \vee q$
0	0	1	1	1	0
0	1	1	1	0	1
1	0	1	0	1	1
1	1	0	1	1	1

从真值表中可知：没有两个不同的极大项是等价的，且每个极大项只有一组真值指派，使该极大项的真值为 0，因此可以给极大项进行编码，使极大项为 0 的那组真值指派为对应的极大项编码，并将命题变元与 0 对应，命题变元的否定与 1 对应. 例如，极大项 $\neg p \vee \neg q$ 只有在 p，q 分别取 1，1 时才为假，所以对应可以用{1 1}来表示，有时又可以用 M_{11}（M_3）来表示.

由 3 个命题变元 p,q,r 产生的所有极大项可分别记为

$$M_{000}=M_0=p \vee q \vee r;$$
$$M_{001}=M_1=p \vee q \vee \neg r;$$
$$M_{010}=M_2=p \vee \neg q \vee r;$$
$$M_{011}=M_3=p \vee \neg q \vee \neg r;$$
$$M_{100}=M_4=\neg p \vee q \vee r;$$
$$M_{101}=M_5=\neg p \vee q \vee \neg r;$$
$$M_{110}=M_6=\neg p \vee \neg q \vee r;$$
$$M_{111}=M_7=\neg p \vee \neg q \vee \neg r.$$

定义 2-18　设 A 是含 n 个命题变元的公式，B 是 A 的一个合取范式，若 B 中每个简单析取式都是极大项，则称 B 是 A 的**主合取范式**.

合取范式与主合取范式的区别　公式 A 的合取范式要求合取式的每一个合取项都是简单析取式，而 A 的主合取范式要求合取式的每一个合取项都是 A 的极大项；简单析取式可以只含一个命题变元，也可以含多个命题变元，而公式 A 的极大项恰好含有 A 中所有 n 个不同的命题变元.

求公式的主合取范式的方法：

(1)等值演算法：先求出合取范式，然后转换为对应的主合取范式；

(2)真值表法：对公式的真值结果进行分解，分解成等价的极大项的合取，即可以

求出相应的主合取范式.

例 2-29 求$((p\vee q)\to r)\to p$的主合取范式.

解 利用等值演算法.

$$
\begin{aligned}
&((p\vee q)\to r)\to p\\
\Leftrightarrow&\neg((p\vee q)\to r)\vee p\\
\Leftrightarrow&\neg(\neg(p\vee q)\vee r)\vee p\\
\Leftrightarrow&((p\vee q)\wedge\neg r)\vee p\\
\Leftrightarrow&(p\vee q\vee p)\wedge(\neg r\vee p)\\
\Leftrightarrow&(p\vee q)\wedge(\neg r\vee p)\\
\Leftrightarrow&((p\vee q)\vee(r\wedge\neg r))\wedge((\neg r\vee p)\vee(q\wedge\neg q))\\
\Leftrightarrow&((p\vee q\vee r)\wedge(p\vee q\vee\neg r))\wedge((\neg r\vee p\vee q)\wedge(\neg r\vee p\vee\neg q))\\
\Leftrightarrow&((p\vee q\vee r)\wedge(p\vee q\vee\neg r))\wedge((p\vee q\vee\neg r)\wedge(p\vee\neg q\vee\neg r))\\
\Leftrightarrow&(p\vee q\vee r)\wedge(p\vee q\vee\neg r)\wedge(p\vee\neg q\vee\neg r)\\
\Leftrightarrow&M_{000}\wedge M_{001}\wedge M_{011}\\
\Leftrightarrow&M_0\wedge M_1\wedge M_3.
\end{aligned}
$$

例 2-30 求公式$(p\to q)\leftrightarrow r$的主合取范式.

解 利用真值表法,建立公式$(p\to q)\leftrightarrow r$的真值表和极大项的分解表,见表 2-16.

表 2-16 $(p\to q)\leftrightarrow r$的真值表和极大项的分解表

p	q	r	$(p\to q)\leftrightarrow r$	$p\vee q\vee r$	$p\vee\neg q\vee r$	$\neg p\vee q\vee\neg r$	$\neg p\vee\neg q\vee r$
0	0	0	0	0	1	1	1
0	0	1	1	1	1	1	1
0	1	0	0	1	0	1	1
0	1	1	1	1	1	1	1
1	0	0	1	1	1	1	1
1	0	1	0	1	1	0	1
1	1	0	0	1	1	1	0
1	1	1	1	1	1	1	1

将极大项全部进行合取后,得到公式$(p\to q)\leftrightarrow r$相应的主合取范式

$$(p\vee q\vee r)\wedge(p\vee\neg q\vee r)\wedge(\neg p\vee q\vee\neg r)\wedge(\neg p\vee\neg q\vee r).$$

根据上述例子,可总结出利用真值表法求主合取范式的简要方法:由真值表,选出公式的真值结果为假的所有行,在这样的每一行中,找到其每一个解释所对应的极大项,将这些极大项进行析取即可得到相应的主合取范式.

例 2-31　求公式$\neg(p \to q) \vee r$的主合取范式.

解　找出真值表中真值为假的赋值

$$000,010,110,$$

写出对应的极大项

$$p \vee q \vee r, p \vee \neg q \vee r, \neg p \vee \neg q \vee r.$$

将这些极大项合取,得到主合取范式

$$(p \vee q \vee r) \wedge (p \vee \neg q \vee r) \wedge (\neg p \vee \neg q \vee r).$$

定理 2-4　任何命题公式都存在与其等值的主合取范式,并且公式的主合取范式是唯一的.

2.4.4　主析取范式与主合取范式的意义

公式的主析取范式与主合取范式之间的转换　在求主析取范式和主合取范式时,真值表法和等值演算法有各自的优点.当公式中的命题变元较少时,采用真值表法更简单.但当公式中的命题变元较多时,一般采用等值演算法.主析取范式与主合取范式是一个对偶的概念,主析取范式代表公式的真值为 1 的赋值,而主合取范式代表公式的真值为 0 的赋值.若已求得公式的主析取范式,则把不出现在主析取范式中的极小项改成极大项,这些极大项构成的合取式就是公式的主合取范式.反之亦然.

因此,在公式的真值表、主析取范式和主合取范式中,只要知道其中的一个就可求出另外两个.在例 2-29 中,原公式的主合取范式为 $M_0 \wedge M_1 \wedge M_3$.据此,可直接写出原公式的主析取范式 $m_2 \vee m_4 \vee m_5 \vee m_6 \vee m_7$.

用主析取范式和主合取范式判断两个公式是否等值　对于任意两个公式 A 和 B,有:

$A \Leftrightarrow B$ 当且仅当 A 与 B 有相同的主析取范式.

$A \Leftrightarrow B$ 当且仅当 A 与 B 有相同的主合取范式.

用主析取范式和主合取范式判断公式的类型　设 A 是任意一个命题公式,则:

(1)A 是重言式当且仅当 A 的主析取范式包含 A 的所有极小项,此时,无主合取范式或主合取范式为“空”;

(2)A 是矛盾式当且仅当 A 的主合取范式包含 A 的所有极大项,此时,无主析取范式或主析取范式为“空”;

(3)A 是可满足式当且仅当 A 的主析取范式至少包含一个 A 的极小项,或 A 的主合取范式所包含的 A 的极大项的数目小于 2^n 个.

注意　若 A 是重言式,则 A 的主合取范式不含任何极大项,这时记 A 的主合取范式为 1;若 A 是矛盾式,则 A 的主析取范式不含任何极小项,这时记 A 的主析取范式为 0.

例 2-32 判断下面公式的类型.

(1) $(p\to q)\leftrightarrow r$;

(2) $(p\to q)\wedge(p\wedge\neg q)$;

(3) $(p\to q)\wedge(q\to p)\to(\neg p\vee q)$.

解 (1) $(p\to q)\leftrightarrow r$

$$\Leftrightarrow((\neg p\vee q)\to r)\wedge(r\to(\neg p\vee q))$$

$$\Leftrightarrow(\neg(\neg p\vee q)\vee r)\wedge(\neg r\vee(\neg p\vee q))$$

$$\Leftrightarrow((p\wedge\neg q)\vee r)\wedge(\neg r\vee\neg p\vee q)$$

$$\Leftrightarrow(p\vee r)\wedge(\neg q\vee r)\wedge(\neg r\vee\neg p\vee q)$$

$$\Leftrightarrow(p\vee r\vee q)\wedge(p\vee r\vee\neg q)\wedge(\neg q\vee r\vee p)\wedge(\neg q\vee r\vee\neg p)\wedge(\neg r\vee\neg p\vee q)$$

$$\Leftrightarrow(p\vee q\vee r)\wedge(p\vee\neg q\vee r)\wedge(\neg p\vee\neg q\vee r)\wedge(\neg p\vee q\vee\neg r)$$

$$\Leftrightarrow M_{000}\wedge M_{010}\wedge M_{110}\wedge M_{101},$$

该公式为可满足式.

(2) $(p\to q)\wedge(p\wedge\neg q)$

$$\Leftrightarrow(\neg p\vee q)\wedge(p\wedge\neg q)$$

$$\Leftrightarrow(\neg p\vee q)\wedge p\wedge\neg q$$

$$\Leftrightarrow(\neg p\vee q)\wedge(p\vee(q\wedge\neg q))\wedge(\neg q\vee(p\wedge\neg p))$$

$$\Leftrightarrow(\neg p\vee q)\wedge(p\vee q)\wedge(p\vee\neg q)\wedge(\neg q\vee p)\wedge(\neg q\vee\neg p)$$

$$\Leftrightarrow(\neg p\vee q)\wedge(p\vee q)\wedge(p\vee\neg q)\wedge(\neg q\vee\neg p)$$

$$\Leftrightarrow M_{00}\wedge M_{01}\wedge M_{10}\wedge M_{11},$$

该公式为矛盾式.

(3) $(p\to q)\wedge(q\to p)\to(\neg p\vee q)$

$$\Leftrightarrow(\neg p\vee q)\wedge(\neg q\vee p)\to(\neg p\vee q)$$

$$\Leftrightarrow\neg((\neg p\vee q)\wedge(\neg q\vee p))\vee(\neg p\vee q)$$

$$\Leftrightarrow\neg(\neg p\vee q)\vee\neg(\neg q\vee p)\vee(\neg p\vee q)$$

$$\Leftrightarrow(p\wedge\neg q)\vee(q\wedge\neg p)\vee\neg p\vee q$$

$$\Leftrightarrow(p\wedge\neg q)\vee(q\wedge\neg p)\vee(\neg p\wedge q)\vee(\neg p\wedge\neg q)\vee(q\wedge\neg p)\vee(q\wedge p)$$

$$\Leftrightarrow(p\wedge\neg q)\vee(q\wedge\neg p)\vee(\neg p\wedge\neg q)\vee(q\wedge p)$$

$$\Leftrightarrow m_{00}\vee m_{01}\vee m_{10}\vee m_{11},$$

该公式为永真式.

例 2-33 甲、乙、丙、丁四人参加英语考试之后,有人问他们谁的成绩最好.甲说:“不是我”,乙说:“是丁”,丙说:“是乙”,丁说:“不是我”.四人的回答只有一人符合实际,问谁的成绩最好.

解 令 A 表示:甲最好;B 表示:乙最好;C 表示:丙最好;D 表示:丁最好.于是,

由题意知，甲说：$\neg A$；乙说：D；丙说：B；丁说：$\neg D$. 因为四人的回答中只有一个符合实际，所以以下公式为真：

$$
\begin{aligned}
&(\neg A \land \neg D \land \neg B \land \neg(\neg D)) \lor (\neg(\neg A) \land D \land \neg B \land \neg(\neg D)) \lor \\
&(\neg(\neg A) \land \neg D \land B \land \neg(\neg D)) \lor (\neg(\neg A) \land \neg D \land \neg B \land \neg D) \\
\Leftrightarrow &(\neg A \land \neg D \land \neg B \land D) \lor (A \land D \land \neg B \land D) \lor \\
&(A \land \neg D \land B \land D) \lor (A \land \neg D \land \neg B \land \neg D) \\
\Leftrightarrow &0 \lor (A \land D \land \neg B) \lor 0 \lor (A \land \neg D \land \neg B) \\
\Leftrightarrow &(A \land D \land \neg B) \lor (A \land \neg D \land \neg B),
\end{aligned}
$$

A,D 不能同时最好，所以原公式为$A \land \neg D \land \neg B$，只有一组赋值 100 使公式为真，即甲的成绩最好.

§2.5　命题逻辑推理

命题逻辑主要包括概念、判断、推理三个方面的内容，其中：

(1)概念是用于描述问题的句子；

(2)判断是对概念的肯定与否定的判断；

(3)推理是从一个或多个前提推出结论的思维过程.

在推理中，前提是指已知的命题公式，结论是从前提出发应用推理规则推出的命题公式.

2.5.1　命题逻辑推理的基本概念

推理也称论证，它是由已知命题得到新命题的思维过程，其中已知命题称为推理的前提或假设，推得的新命题称为推理的结论.

定义 2-19　若公式$(A_1 \land A_2 \land \cdots \land A_n) \to B$ 为重言式，则称 B 是 $A_1 \land A_2 \land \cdots \land A_n$ 的**逻辑结论**或**有效结论**. 称 $A_1 \land A_2 \land \cdots \land A_n$ 为**前提**，B 称为**结论**.

用"$A \Rightarrow B$"表示"$A \to B$"为重言式，因此，若前提 $A_1 \land A_2 \land \cdots \land A_n$ 推出结论 B 的推理正确，则记为

$$(A_1 \land A_2 \land \cdots \land A_n) \Rightarrow B.$$

定义 2-20　从前提 $A_1 \land A_2 \land \cdots \land A_n$ 出发，应用推理规则，证明 B 是 $A_1 \land A_2 \land \cdots \land A_n$ 的逻辑结论，这一过程称为**形式推理**.

定义 2-21　证明 B 是 $A_1 \land A_2 \land \cdots \land A_n$ 的逻辑结论的形式推理中，形式推理的每一步都产生一个公式，整个推理过程产生一个公式序列，这个公式序列称为从 $A_1 \land A_2 \land \cdots \land A_n$ 到 B 的一个**形式证明**.

2.5.2 命题逻辑推理规则

要证明 $A_1 \wedge A_2 \wedge \cdots \wedge A_n$ 能否推出公式 B，只需要判断蕴涵式 $(A_1 \wedge A_2 \wedge \cdots \wedge A_n) \rightarrow B$ 是否永真，要证明 $(A_1 \wedge A_2 \wedge \cdots \wedge A_n) \rightarrow B$ 是永真式，主要的方法有真值表法、等值演算法和主析取范式法.

(1)真值表法. 列出公式 $(A_1 \wedge A_2 \wedge \cdots \wedge A_n) \rightarrow B$ 的真值表，如果对所有的赋值，公式的真值都是 1，则该公式为永真式.

(2)等值演算法. 对公式 $(A_1 \wedge A_2 \wedge \cdots \wedge A_n) \rightarrow B$ 进行等值变换，若 $(A_1 \wedge A_2 \wedge \cdots \wedge A_n) \rightarrow B \Leftrightarrow 1$，则该公式为永真式.

(3)主析取范式法. 求公式 $(A_1 \wedge A_2 \wedge \cdots \wedge A_n) \rightarrow B$ 的主析取范式，若主析取范式包含公式 $(A_1 \wedge A_2 \wedge \cdots \wedge A_n) \rightarrow B$ 的所有极小项，则该公式为永真式.

例 2-34 证明 p 能推出公式 $p \vee q$.

证明 方法一：真值表法. 列出公式 $p \rightarrow (p \vee q)$ 的真值表，见表 2-17.

表 2-17 $p \rightarrow (p \vee q)$ 的真值表

p	q	$p \vee q$	$p \rightarrow (p \vee q)$
0	0	0	1
0	1	0	1
1	0	1	1
1	1	1	1

对于 p,q 的所有赋值，公式 $p \rightarrow (p \vee q)$ 的真值都是 1，所以 $p \rightarrow (p \vee q)$ 是永真式.

方法二：等值演算法.

$$p \rightarrow (p \vee q) \Leftrightarrow \neg p \vee (p \vee q) \Leftrightarrow (\neg p \vee p) \vee q \Leftrightarrow 1 \vee q \Leftrightarrow 1.$$

由 $p \rightarrow (p \vee q) \Leftrightarrow 1$ 可知，$p \rightarrow (p \vee q)$ 是永真式.

方法三：主析取范式法.

$$\begin{aligned}
& p \rightarrow (p \vee q) \\
\Leftrightarrow & \neg p \vee (p \vee q) \\
\Leftrightarrow & (\neg p \wedge (q \vee \neg q)) \vee (p \wedge (q \vee \neg q)) \vee (q \wedge (p \vee \neg p)) \\
\Leftrightarrow & (\neg p \wedge q) \vee (\neg p \wedge \neg q) \vee (p \wedge q) \vee (p \wedge \neg q) \vee (q \wedge p) \vee (q \wedge \neg p) \\
\Leftrightarrow & (\neg p \wedge \neg q) \vee (\neg p \wedge q) \vee (p \wedge \neg q) \vee (q \wedge p) \\
\Leftrightarrow & m_0 \vee m_1 \vee m_2 \vee m_3.
\end{aligned}$$

因为公式 $p \rightarrow (p \vee q)$ 的主析取范式包含了其所有的极小项，所以该公式是永真式.

从上面的例子可以看出，真值表法、等值演算法和求主析取范式法进行推理的工作量太大，特别当公式$(A_1 \wedge A_2 \wedge \cdots \wedge A_n) \rightarrow B$包含的命题变元较多时，这些方法所需要的时间和空间复杂度是不能接受的.

下面介绍在命题逻辑中常用的推理规则：

(1)**前提引入规则**　在证明的任何步骤上，都可以引入前提.

(2)**结论引入规则**　在证明的任何步骤上，已证明的结论都可以作为后续证明的前提.

(3)**置换规则**　在证明的任何步骤上，命题公式中的子公式可用与之等值的子公式置换.

(4)**附加规则**　$A \Rightarrow A \vee B$.

(5)**化简规则**　$A \wedge B \Rightarrow A$.

(6)**合取引入规则**　$A, B \Rightarrow A \wedge B$.

(7)**假言推理规则**　$A \rightarrow B, A \Rightarrow B$.

(8)**拒取式规则**　$A \rightarrow B, \neg B \Rightarrow \neg A$.

(9)**假言三段论规则**　$A \rightarrow B, B \rightarrow C \Rightarrow A \rightarrow C$.

(10)**析取三段论规则**　$A \vee B, \neg B \Rightarrow A$.

以上是命题逻辑中最基本、最常用的推理规则. 下面用例题说明如何利用以上规则构造证明.

例 2-35　构造下列推理的形式证明：

(1)前提：　$p \vee q, p \rightarrow \neg r, s \rightarrow t, \neg s \rightarrow r, \neg t$;

　结论：　q.

(2)前提：　$p \rightarrow r, q \rightarrow s, p \vee q$;

　结论：　$r \vee s$.

证明　(1)①$s \rightarrow t$　　前提引入规则

②$\neg t$　　前提引入规则

③$\neg s$　　①②拒取式规则

④$\neg s \rightarrow r$　　前提引入规则

⑤r　　④③假言推理规则

⑥$\neg(\neg r)$　　⑤置换规则(双重否定律)

⑦$p \rightarrow \neg r$　　前提引入规则

⑧$\neg p$　　⑥⑦拒取式规则

⑨$p \vee q$　　前提引入规则

⑩q　　⑧⑨析取三段论规则

(2)①$p \rightarrow r$　　前提引入规则

②$\neg p \vee r$　　①置换规则(蕴涵-析取等值式)

③$(\neg p \vee r) \vee s$	②附加规则
④ $\neg p \vee (r \vee s)$	③置换规则(结合律)
⑤$q \to s$	前提引入规则
⑥ $\neg q \vee s$	⑤置换规则(蕴涵-析取等值式)
⑦$(\neg q \vee s) \vee r$	⑥附加规则
⑧ $\neg q \vee (s \vee r)$	⑦置换规则(结合律)
⑨ $\neg q \vee (r \vee s)$	⑧置换规则(交换律)
⑩$(\neg p \vee (r \vee s)) \wedge (\neg q \vee (r \vee s))$	④⑨合取引入规则
⑪$(\neg p \wedge \neg q) \vee (r \vee s)$	⑩置换规则(分配律)
⑫ $\neg(p \vee q) \vee (r \vee s)$	⑪置换规则(德·摩根律)
⑬$(p \vee q) \to (r \vee s)$	⑫置换规则(蕴涵-析取等值式)
⑭$p \vee q$	前提引入规则
⑮$r \vee s$	⑬⑭假言推理规则

许多推理规则不是独立的,可以用其他推理规则代替.原则上,推理规则越多,使用越方便.还有许多重言蕴涵式所表达的前提与其逻辑结论的关系也可以作为推理规则使用,例如,下面的二难推理规则.

二难推理规则 二难推理规则是由两个蕴涵式和一个析取式作为前提,由一个单一公式或一个析取式作为结论构成的推理.具体结构如下:

(1)**简单构造式二难推理规则** $A \to C, B \to C, A \vee B \Rightarrow C$;

(2)**简单破坏式二难推理规则** $A \to B, A \to C, \neg B \vee \neg C \Rightarrow \neg A$;

(3)**复杂构造式二难推理规则** $A \to C, B \to D, A \vee B \Rightarrow C \vee D$;

(4)**复杂破坏式二难推理规则** $A \to C, B \to D, \neg C \vee \neg D \Rightarrow \neg A \vee \neg B$.

用二难推理规则证明例 2-35 中(2):

①$p \to r$	前提引入规则
②$q \to s$	前提引入规则
③$p \vee q$	前提引入规则
④$r \vee s$	①②③复杂构造式二难推理规则

2.5.3 形式证明方法

从一组前提推导一个结论有许多途径,先引入哪个前提?先应用哪条规则?不同的选择会产生不同的证明过程,没有通用的最佳证明算法.

在使用构造证明法来进行推理,常常采用一些技巧,下面介绍两种证明方法.

1. 附加前提证明法

有时要证明的结论以蕴涵式的形式出现,即推理的形式结构为

$$(A_1 \wedge A_2 \wedge \cdots \wedge A_n) \rightarrow (A \rightarrow B),$$

对其进行等值演算

$$\begin{aligned}&(A_1 \wedge A_2 \wedge \cdots \wedge A_n) \rightarrow (A \rightarrow B)\\ \Leftrightarrow&\neg(A_1 \wedge A_2 \wedge \cdots \wedge A_n) \vee (\neg A \vee B)\\ \Leftrightarrow&\neg(A_1 \wedge A_2 \wedge \cdots \wedge A_n \wedge A) \vee B\\ \Leftrightarrow&(A_1 \wedge A_2 \wedge \cdots \wedge A_n \wedge A) \rightarrow B,\end{aligned}$$

原来结论中的前件 A 已经变成前提，所以 $(A_1 \wedge A_2 \wedge \cdots \wedge A_n) \rightarrow (A \rightarrow B)$ 是重言式当且仅当 $(A_1 \wedge A_2 \wedge \cdots \wedge A_n \wedge A) \rightarrow B$ 是重言式. 称 A 为**附加前提**，这种将结论中的前件作为前提的证明法称为**附加前提证明法**.

例 2-36　用附加前提证明法证明下面的推理.

前提：$p \rightarrow (q \rightarrow r), \neg s \vee p, q$；

结论：$s \rightarrow r$.

证明　用附加前提法证明.

①$\neg s \vee p$	前提引入规则
②s	附加前提引入
③p	①②析取三段论规则
④$p \rightarrow (q \rightarrow r)$	前提引入规则
⑤$q \rightarrow r$	③④假言推理规则
⑥q	前提引入规则
⑦r	⑤⑥假言推理规则

由附加前提证明法知，题中所给推理得证.

2. 归谬法

$A_1, A_2, \cdots, A_n$ 是 n 个命题公式，证明 $(A_1 \wedge A_2 \wedge \cdots \wedge A_n) \rightarrow B$ 是重言式，只要证明式 $A_1 \wedge A_2 \wedge \cdots \wedge A_n \wedge \neg B$ 是矛盾式即可. 也就是说，把结论的否定加到前提中进行推理，如果在证明过程中推出矛盾式，则证明了原结论是原前提的逻辑结论. 这种将 $\neg B$ 作为附加前提推出矛盾的证明方法称为**归谬法**.

因为

$$\begin{aligned}&A_1 \wedge A_2 \wedge \cdots \wedge A_n \rightarrow B\\ \Leftrightarrow&\neg(A_1 \wedge A_2 \wedge \cdots \wedge A_n) \vee B\\ \Leftrightarrow&\neg(A_1 \wedge A_2 \wedge \cdots \wedge A_n) \vee \neg\neg B\\ \Leftrightarrow&\neg((A_1 \wedge A_2 \wedge \cdots \wedge A_n) \wedge \neg B),\end{aligned}$$

所以 $A_1 \wedge A_2 \wedge \cdots \wedge A_n \rightarrow B$ 是重言式，当且仅当 $\neg((A_1 \wedge A_2 \wedge \cdots \wedge A_n) \wedge \neg B)$ 是重言式，当且仅当 $(A_1 \wedge A_2 \wedge \cdots \wedge A_n) \wedge \neg B$ 是矛盾式.

例 2-37　构造下列推理的形式证明.

前提：$\neg r \vee q, p \rightarrow \neg q, r \wedge \neg s$；

结论:$\neg p$.

证明 用归谬法证明.

① $\neg(\neg p)$	结论的否定引入
② p	①置换规则(双重否定律)
③ $p\to\neg q$	前提引入规则
④ $\neg q$	②③假言推理规则
⑤ $\neg r\lor q$	前提引入规则
⑥ $\neg r$	④⑤析取三段论规则
⑦ $r\land\neg s$	前提引入规则
⑧ r	⑦化简规则
⑨ $r\land\neg r$	⑥⑧合取引入规则

因为 $r\land\neg r$ 是一个矛盾式,由归谬证明法知,题中所给推理得证.

2.5.4 命题逻辑推理应用

例 2-38 一公安人员审查一件盗窃案,已知的事实如下:

(1)甲或乙盗窃了录音机;

(2)若甲盗窃了录音机,则作案时间不能发生在午夜前;

(3)若乙的证词正确,则午夜时屋里灯光未灭;

(4)若乙的证词不正确,则作案时间发生在午夜之前;

(5)午夜时屋里灯光灭了.

问盗窃录音机的是谁?

解 将事实符号化:

设p:甲盗窃了录音机. q:乙盗窃了录音机. r:作案时间发生在午夜前.

s:乙的证词正确. t:午夜时灯光未灭.

前提:$p\lor q$, $p\to\neg r$, $s\to t$, $\neg s\to r$, $\neg t$.

本题中,结论没有确定,有两种可能,不是 p 就是 q,因而可根据已知前提进行推演,结论由推演结果来决定.

① $\neg t$	前提引入规则
② $s\to t$	前提引入规则
③ $\neg s$	①②拒取式规则
④ $\neg s\to r$	前提引入规则
⑤ r	③④假言推理规则
⑥ $p\to\neg r$	前提引入规则
⑦ $\neg p$	⑤⑥拒取式规则

⑧$p\vee q$　　　　　　　　前提引入规则

⑨q　　　　　　　　　　⑧析取三段论规则

至此说明乙盗窃了录音机.

例 2-39　如果马会飞或羊吃草,则母鸡就是飞鸟;如果母鸡是飞鸟,那么烤熟的鸭子还会跑;烤熟的鸭子不会跑,所以羊不吃草.

解　首先找出句子中的所有简单命题,用命题变元表示.

设 p:马会飞. q:羊吃草. r:母鸡是飞鸟. s:烤熟的鸭子还会跑.

将上述语句符号化为

前提:$p\vee q\rightarrow r, r\rightarrow s, \neg s$

结论:$\neg q$

证明:

① $\neg s$　　　　　　　　前提引入规则

② $r\rightarrow s$　　　　　　前提引入规则

③ $\neg r$　　　　　　　　①②拒取式规则

④ $p\vee q\rightarrow r$　　　　前提引入规则

⑤ $\neg(p\vee q)$　　　　　③④置换规则(拒取式规则)

⑥ $\neg p\wedge\neg q$　　　　⑤置换规则(德·摩根律)

⑦ $\neg q$　　　　　　　　⑥置换规则(化简规则)

小　　结

一、本章主要知识点

(1)命题的概念、命题的表示,五种基本联结词的定义与使用,命题的符号化;

(2)命题变元、命题公式的概念、命题公式的分类、解释,真值表表示法;

(3)等值演算的概念,常用的等值演算法;

(4)析取范式、合取范式、极大项、极小项、主析取范式、主合取范式的概念以及求范式、主范式的方法,公式的类型与主范式的关系;

(5)命题演算的推理规则的方法,形式证明方法.

二、本章教学重点

(1)命题、命题变元、命题公式的概念,基本联结词的使用;

(2)常用的等值演算方法;

(3)范式、主范式的求法;

(4)常用的推理规则,形式证明方法.

三、本章教学难点

(1)极大项、极小项的概念及求极大项、极小项的方法;

(2)求主析取范式和主合取范式方法;

(3)常用的等值演算方法;

(4)常用的推理规则.

习　　题

一、填空题

1. 不能再分解的命题称为＿＿＿＿＿＿＿＿.

2. 今晚我去电影院看电影或在家看电视的联结词是＿＿＿＿＿＿＿＿.

3. 李艳既喜欢跑步又喜欢打球的联结词是＿＿＿＿＿＿＿＿.

4. x 是有理数的充分必要条件是 x 能表示成分数的联结词是＿＿＿＿＿＿＿＿.

5. 只有天下雨,他才乘班车上班的联结词是＿＿＿＿＿＿＿＿.

6. 今天不是星期三的联结词是＿＿＿＿＿＿＿＿.

7. 他一边学习,一边听音乐的联结词是＿＿＿＿＿＿＿＿.

8. 你可以去教室看书,也可以去图书馆看书的联结词是＿＿＿＿＿＿＿＿.

9. 设 p:天气好. q:我去公园. 则"如果天气好,我就去公园."的符号化表示为＿＿＿＿＿＿＿＿.

10. 设 p:天气好. q:我去公园. 则"只要天气好,我就去公园."的符号化表示为＿＿＿＿＿＿＿＿.

11. 设 p:天气好. q:我去公园. 则"只有天气好,我才去公园."的符号化表示为＿＿＿＿＿＿＿＿.

12. 设 p:天气好. q:我去公园. 则"我去公园,仅当天气好."的符号化表示为＿＿＿＿＿＿＿＿.

13. 设 p:天气好. q:我去公园. 则"或者天气好,或者我去公园."的符号化表示为＿＿＿＿＿＿＿＿.

14. 设 p:天气好. q:我去公园. 则"天气好,我去公园."的符号化表示为＿＿＿＿＿＿＿＿.

15. $((w\rightarrow q)\rightarrow r)\leftrightarrow\neg q$ 的所有子公式有＿＿＿＿＿＿＿＿.

16. $(p\rightarrow\neg q)\leftrightarrow((t\wedge r)\vee m)$ 的所有子公式有＿＿＿＿＿＿＿＿.

17. $(\neg p\vee q)\rightarrow(t\rightarrow(\neg r\wedge w))$ 的所有子公式有＿＿＿＿＿＿＿＿.

18. $(p\vee\neg q)\rightarrow(t\wedge\neg r)$ 的所有子公式有＿＿＿＿＿＿＿＿.

19. $(((\neg p\rightarrow q)\vee\neg r)\wedge s)\wedge(r\rightarrow t)$ 的所有子公式有＿＿＿＿＿＿＿＿.

20. $((p \vee q) \leftrightarrow \neg s) \wedge (r \vee \neg t)$的所有子公式有____________________.

21. $(\neg m \rightarrow \neg q) \vee (t \wedge \neg r) \vee p$ 公式的层数为____________.

22. $((p \vee q) \rightarrow (t \wedge r)) \leftrightarrow \neg (p \wedge s)$公式的层数为____________.

23. $(p \leftrightarrow \neg q) \rightarrow ((t \wedge \neg r) \leftrightarrow \neg q)$公式的层数为____________.

24. $((\neg p \vee q) \leftrightarrow (r \wedge \neg s)) \rightarrow \neg q$ 公式的层数为____________.

25. $(p \vee q) \vee (\neg(\neg t \rightarrow \neg r) \wedge \neg s)$公式的层数为____________.

26. 设 p,r 为真命题，q,s 为假命题，则复合命题$(p \rightarrow q) \leftrightarrow (\neg r \rightarrow s)$的真值为____________.

27. 设 p,q 的真值为 0，r,s 的真值为 1，则命题公式$(p \wedge \neg q) \rightarrow (\neg r \wedge s)$的真值为____________.

28. 公式$(p \wedge \neg q) \vee (\neg p \wedge q)$的成真赋值为____________.

29. $\neg(p \leftrightarrow q)$与$(p \wedge \neg q) \vee (\neg p \wedge q)$共同的成真赋值为____________.

30. 设 p,q 为命题变项，则$\neg p \leftrightarrow q$ 的成真赋值为____________.

31. 设 p 为任意公式，q 为重言式，则 $p \vee q$ 的类型是____________.

32. 设 A 为命题变项 p、q、r 的重言式，则公式 $A \vee ((p \wedge q) \rightarrow r)$的类型为____________.

33. $(p \wedge \neg(q \rightarrow p)) \wedge (r \wedge q)$的公式类型为____________.

34. $(\neg(p \leftrightarrow q) \rightarrow ((p \wedge \neg q) \vee (\neg p \wedge q))) \vee r$ 的公式类型为____________.

35. 在横线上填写下列证明中应用到的等值公式.

$p \rightarrow (p \vee \neg q \vee r)$	
$\Leftrightarrow \neg p \vee (p \vee \neg q \vee r)$	蕴涵-析取等值式，置换规则
$\Leftrightarrow (\neg p \vee p) \vee (\neg q \vee r)$	____________
$\Leftrightarrow 1 \vee (\neg q \vee r)$	____________
$\Leftrightarrow 1$	同一律

36. 由有限个简单析取式构成的合取式为____________.

37. A 是可满足式当且仅当 A 的主析取范式至少包含 A 的一个____________，或 A 的主合取范式所包含的 A 的极大项的数目小于____________个.

38. 由有限个命题变元或命题变元的否定构成的析取式为____________.

39. 矛盾式的主析取范式为____________.

40. 已知公式 A 含有 3 个命题变元 p,q,r，并且它的成真赋值为 000，011，110，则 A 的主合取范式为____________，主析取范式为____________.

41. 已知公式 A 含有 3 个命题变元 p,q,r，并且它的成假赋值为 010，011，110，111，求 A 的主合取范式为____________，主析取范式为____________.

42. 已知公式 A 的主析取范式为$m_{010} \vee m_{110} \vee m_{101} \vee m_{001} \vee m_{111}$，则公式 A 的主合取范式为____________.

43. 已知公式 A 的主合取范式为$M_{010} \wedge M_{011} \wedge M_{101} \wedge M_{001}$，则公式 A 的主析取范式为____________.

44. 已知公式 A 的主合取范式为$M_{010} \wedge M_{011} \wedge M_{101}$，则使公式 A 的真值为 1 的赋值为____________，真值为 0 的赋值为____________.

45. 已知公式 A 的主析取范式为$m_{010} \vee m_{100} \vee m_{101}$，则公式 A 的真值为 1 的赋值为____________，真值为 0 的赋值为____________.

46. 填写下列形式证明中的推理规则.

前提：$\neg p \vee (q \rightarrow r), \neg q \vee s, \neg p \rightarrow \neg s$

结论：$\neg q \vee r$

证明：

$\neg q \vee r \Leftrightarrow q \rightarrow r$	蕴涵-析取等值式
①q	____________
②$\neg q \vee s$	前提引入
③s	____________
④$\neg p \rightarrow \neg s$	前提引入
⑤p	____________
⑥$\neg p \vee (q \rightarrow r)$	前提引入
⑦$q \rightarrow r$	____________
⑧r	____________

47. 填写下列形式证明中的推理规则.

前提：$(p \rightarrow q) \vee r, \neg s \vee p, \neg q$

结论：$s \rightarrow r$

证明：

①s	____________
②$\neg s \vee p$	前提引入
③p	____________
④$(p \rightarrow q) \vee r$	前提引入
⑤$\neg p \vee (q \vee r)$	____________
⑥$q \vee r$	____________
⑦$\neg q$	前提引入
⑧r	____________

48. 填写下列形式证明中的推理规则.

前提：$\neg(\neg t \vee q) \rightarrow r, r \rightarrow s, \neg s \wedge t$

结论：q

证明：

①$\neg s \wedge t$　　前提引入规则

②$\neg s$　　________

③$r \rightarrow s$　　________

④$\neg r$　　________

⑤$\neg(\neg t \vee q) \rightarrow r$　　前提引入规则

⑥$\neg t \vee q$　　________

⑦t　　________

⑧$\neg(\neg t)$　　________

⑨q　　________

二、选择题

1. 在命题演算中，语句为真为假的一种性质称为(　　).

A. 真值　　B. 陈述句　　C. 命题　　D. 谓词

2. 下面不是命题的是(　　).

A. 7 能被 2 整除.　　B. 每个人都需要吃粮食.

C. 无理数都是实数.　　D. 杨七是高个子.

3. 下面是命题的是(　　).

A. 外面下雨吗?　　B. 请勿吸烟.

C. 小红在教室里.　　D. 这朵花多美呀!

4. 下面不是命题的是(　　).

A. 中国有四大发明.

B. 如果太阳从西边出来，那么人可以活到 1 000 岁.

C. $2x+3<4$.

D. 牛是植物或动物.

5. 下面不是命题的是(　　).

A. 1 亿年后地球上仍然有人.　　B. 我正在说谎.

C. 2025 年元旦会下大雪.　　D. 这朵花是他的.

6. 下面命题中是原子命题的是(　　).

A. 小李一边看书，一边听音乐.　　B. 企鹅不是鸟.

C. 张三与李四在吵架.　　D. 比尔和格林都是大学生.

7. 下面命题中是原子命题的是(　　).

A. 大雁北回，春天来了.

B. 李艳既喜欢跑步又喜欢打球.

C. 不是东风压倒西风，就是西风压倒东风.

D. 比尔和格林是同学.

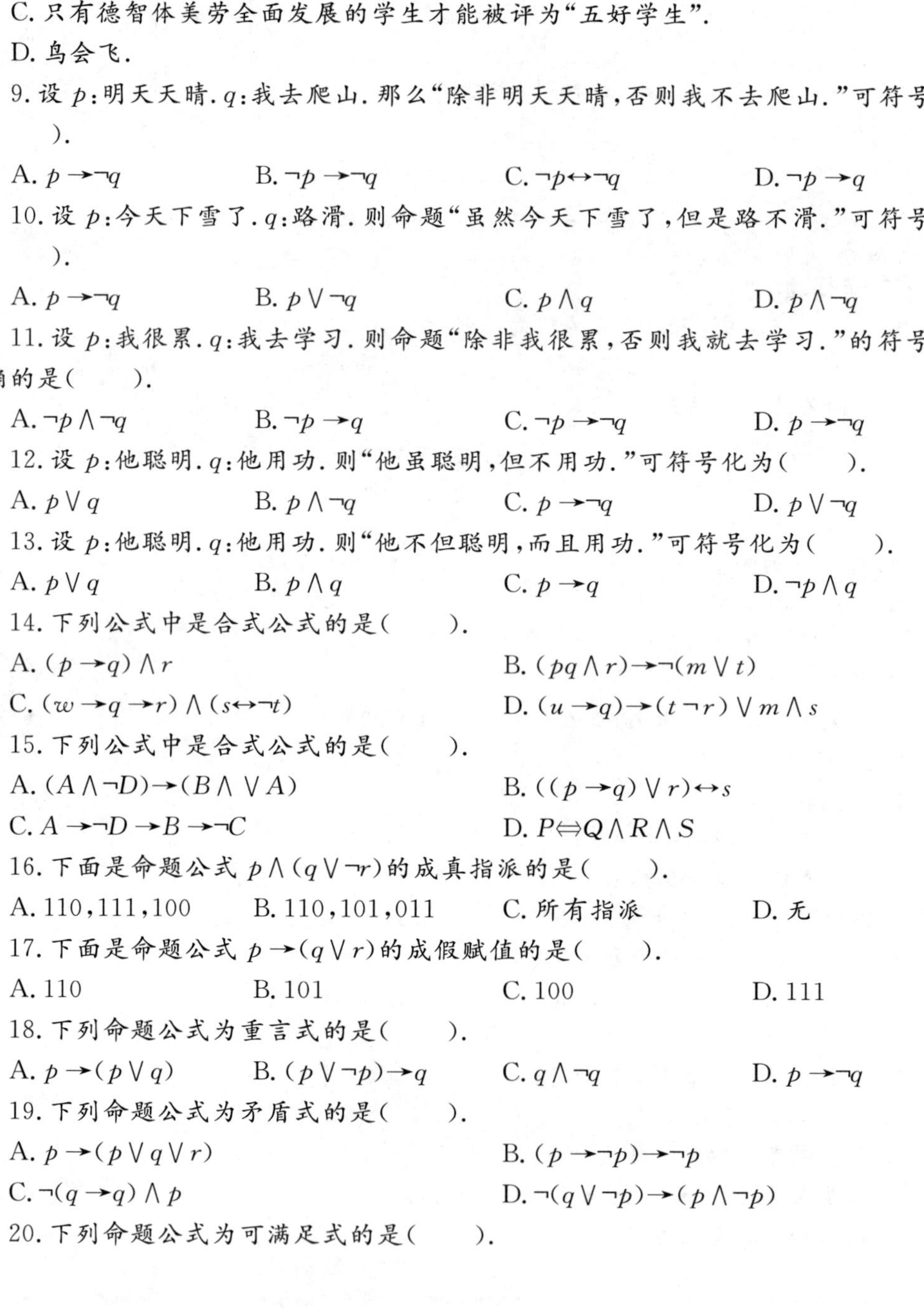

8. 下面命题中是假命题的是(　　).

A. 不存在最大的素数.

B. 2 是无理数.

C. 只有德智体美劳全面发展的学生才能被评为“五好学生”.

D. 鸟会飞.

9. 设 p:明天天晴. q:我去爬山. 那么“除非明天天晴,否则我不去爬山.”可符号化为(　　).

A. $p \rightarrow \neg q$　　B. $\neg p \rightarrow \neg q$　　C. $\neg p \leftrightarrow \neg q$　　D. $\neg p \rightarrow q$

10. 设 p:今天下雪了. q:路滑. 则命题“虽然今天下雪了,但是路不滑.”可符号化为(　　).

A. $p \rightarrow \neg q$　　B. $p \vee \neg q$　　C. $p \wedge q$　　D. $p \wedge \neg q$

11. 设 p:我很累. q:我去学习. 则命题“除非我很累,否则我就去学习.”的符号化正确的是(　　).

A. $\neg p \wedge \neg q$　　B. $\neg p \rightarrow q$　　C. $\neg p \rightarrow \neg q$　　D. $p \rightarrow \neg q$

12. 设 p:他聪明. q:他用功. 则“他虽聪明,但不用功.”可符号化为(　　).

A. $p \vee q$　　B. $p \wedge \neg q$　　C. $p \rightarrow \neg q$　　D. $p \vee \neg q$

13. 设 p:他聪明. q:他用功. 则“他不但聪明,而且用功.”可符号化为(　　).

A. $p \vee q$　　B. $p \wedge q$　　C. $p \rightarrow q$　　D. $\neg p \wedge q$

14. 下列公式中是合式公式的是(　　).

A. $(p \rightarrow q) \wedge r$　　B. $(pq \wedge r) \rightarrow \neg(m \vee t)$

C. $(w \rightarrow q \rightarrow r) \wedge (s \leftrightarrow \neg t)$　　D. $(u \rightarrow q) \rightarrow (t \neg r) \vee m \wedge s$

15. 下列公式中是合式公式的是(　　).

A. $(A \wedge \neg D) \rightarrow (B \wedge \vee A)$　　B. $((p \rightarrow q) \vee r) \leftrightarrow s$

C. $A \rightarrow \neg D \rightarrow B \rightarrow \neg C$　　D. $P \Leftrightarrow Q \wedge R \wedge S$

16. 下面是命题公式 $p \wedge (q \vee \neg r)$ 的成真指派的是(　　).

A. 110,111,100　　B. 110,101,011　　C. 所有指派　　D. 无

17. 下面是命题公式 $p \rightarrow (q \vee r)$ 的成假赋值的是(　　).

A. 110　　B. 101　　C. 100　　D. 111

18. 下列命题公式为重言式的是(　　).

A. $p \rightarrow (p \vee q)$　　B. $(p \vee \neg p) \rightarrow q$　　C. $q \wedge \neg q$　　D. $p \rightarrow \neg q$

19. 下列命题公式为矛盾式的是(　　).

A. $p \rightarrow (p \vee q \vee r)$　　B. $(p \rightarrow \neg p) \rightarrow \neg p$

C. $\neg(q \rightarrow q) \wedge p$　　D. $\neg(q \vee \neg p) \rightarrow (p \wedge \neg p)$

20. 下列命题公式为可满足式的是(　　).

A. $\neg p \to (\neg p \to \neg p)$　　B. $p \to (q \to p)$

C. $\neg(q \to q) \wedge p$　　D. $(p \leftrightarrow \neg r) \to (p \leftrightarrow r)$

21. 与公式 $p \to (q \to p)$ 等值的是(　　).

A. $\neg p \to (p \vee \neg q)$　　B. $p \to (p \to q)$

C. $p \wedge (p \to \neg q)$　　D. $\neg p \to (p \to \neg q)$

22. 与公式$\neg(p \leftrightarrow q)$等值的是(　　).

A. $(p \vee q) \wedge \neg(p \wedge q)$　　B. $(p \vee q) \to \neg(p \wedge q)$

C. $(p \vee q) \wedge (p \wedge q)$　　D. $(p \vee q) \wedge \neg(p \vee \neg q)$

23. 与公式 $p \to (q \vee r)$ 等值的是(　　).

A. $(p \wedge \neg q) \to r$　　B. $(p \wedge q) \to r$

C. $(p \wedge \neg q) \to \neg r$　　D. $(p \vee \neg q) \to r$

24. 下面公式是析取范式的是(　　).

A. $q \vee (\neg p \wedge \neg q)$　　B. $\neg r \wedge (s \vee t)$

C. $(p \vee q) \to (s \wedge t)$　　D. $q \wedge (\neg p \to \neg q)$

25. 下面公式是合取范式的是(　　).

A. $(s \vee t) \wedge \neg(p \to s)$　　B. p

C. $p \vee q \vee r \wedge t$　　D. $s \vee t \to p$

26. 下面公式既是析取范式又是合取范式的是(　　).

A. $(s \vee t) \wedge \neg(p \to s)$　　B. $q \vee (\neg p \wedge \neg q \wedge \neg r)$

C. $q \vee \neg p \vee \neg q \to r$　　D. $\neg q$

27. 下面公式既不是析取范式又不是合取范式的是(　　).

A. $n \vee \neg m \vee \neg q \vee \neg r$　　B. $p \wedge \neg q \wedge \neg t \wedge r$

C. $(q \to p) \vee (p \to \neg r) \vee (\neg q \to s)$　　D. $(q \wedge \neg p) \vee (p \wedge \neg r) \vee (\neg q \wedge s)$

28. 下列是三个命题变元 p,q,r 极小项的是(　　).

A. $p \wedge \neg p \wedge r$　　B. $\neg p \vee q \vee r$　　C. $\neg p \wedge q \wedge r$　　D. $\neg p \vee q \vee p$

29. 下列不是三个命题变元 p,q,r 极小项的是(　　).

A. $p \wedge \neg p \wedge r$　　B. $\neg p \wedge \neg q \wedge r$　　C. $\neg p \wedge q \wedge r$　　D. $p \wedge q \wedge r$

30. 关于命题变元 p 和 q 的极小项m_{00}表示(　　).

A. $\neg p \wedge \neg q$　　B. $\neg p \vee \neg q$　　C. $p \wedge q$　　D. $p \vee q$

31. 下列是三个命题变元 p,q,r 极大项的是(　　).

A. $p \wedge \neg p \wedge r$　　B. $\neg p \vee q \vee r$　　C. $\neg p \wedge q \wedge r$　　D. $\neg p \vee q \vee p$

32. 下列不是三个命题变元 p,q,r 极大项的是(　　).

A. $p \vee \neg p \vee r$　　B. $\neg p \vee q \vee r$　　C. $\neg p \vee q \vee \neg r$　　D. $p \vee q \vee r$

33. 关于命题变元 p 和 q 的极大项 M_{00} 表示(　　).

A. $\neg p \wedge \neg q$　　B. $\neg p \vee \neg q$　　C. $p \wedge q$　　D. $p \vee q$

34. 已知公式 A 含有三个命题变元 p,q,r,并且它的成假赋值为 010,011,110,111,则主析取范式是(　　).

A. $m_2 \vee m_3 \vee m_6 \vee m_7$　　B. $M_2 \wedge M_3 \wedge M_6 \wedge M_7$

C. $m_0 \wedge m_1 \wedge m_4 \wedge m_5$　　D. $m_0 \vee m_1 \vee m_4 \vee m_5$

35. 已知公式 A 含有三个命题变元 p,q,r,并且它的成真赋值为 000,011,110,则 A 的主合取范式是(　　).

A. $M_1 \vee M_2 \vee M_4 \vee M_5 \vee M_7$　　B. $m_1 \wedge m_2 \wedge m_4 \wedge m_5 \wedge m_7$

C. $m_0 \wedge m_3 \wedge m_6$　　D. $M_1 \wedge M_2 \wedge M_4 \wedge M_5 \wedge M_7$

三、判断题

1. 命题变元是命题.　(　　)

2. 所有命题都是陈述句.　(　　)

3. "小红和小丽是好朋友."是复合命题.　(　　)

4. 设 A,B 为两个命题公式 $A \Leftrightarrow B$,当且仅当 $A \leftrightarrow B$ 为一个重言式.　(　　)

5. 同一个命题公式有多个等价式,也有多个合取范式和析取范式.　(　　)

6. 一个命题公式有唯一的主范式,且当命题变元的顺序约定以后,主析取范式和主合取范式是唯一确定的.　(　　)

7. 一般而言,n 个命题变元共有 $2n$ 个极小项.　(　　)

8. 一个命题公式的真值表中,所有真值为真赋值对应极大项的析取就是此公式的主析取范式.　(　　)

9. 可满足式的主析取范式就是成真赋值对应小项的析取;主合取范式就是成假赋值对应极大项的合取;且主析取范式中小项 m 的下标和主合取范式中大项 M 的下标是互补的.　(　　)

10. 要证明 C 是一组前提 $A_1,A_2,\cdots,A_n$ 的有效结论,只需证明 $A_1 \wedge A_2 \wedge \cdots \wedge A_n \rightarrow C$ 为重言式.　(　　)

四、综合题

1. 将下列命题符号化.

(1)李明是百米冠军同时也是跳远冠军.

(2)选小王或小李中的一人当班长.

(3)布朗和乔治都是大学生.

(4)卡特和马可是同学.

(5)今天不是星期六.

(6)如果天不下雪,那么我就骑自行车上班.

2. 用命题公式表示下列命题.

(1) 黄青婷不会唱歌也不会跳舞，但她打羽毛球很棒.

(2) 只有 8 能被 2 整除，8 才能被 6 整除.

(3) 除非今天是星期五，否则今天就不是五月一日.

(4) 两个三角形全等当且仅当它们的三条边对应相等.

(5) 只要 $2<1$，就有 $2<-1$.

(6) 因为天气冷，所以我穿了棉衣.

(7) 徐丽园出生于 1982 年 6 月，女，身高 1.62 m，广东人.

(8) 如果他乘飞机去上海就能赶上世博会开幕，如果乘火车就来不及了.

3. 列出下列公式的真值表.

(1) $((q\to p)\to(p\vee\neg q))\leftrightarrow\neg p$

(2) $p\to(p\vee q\vee\neg r)$

(3) $(\neg r\vee w)\to\neg(\neg p\wedge\neg r)\wedge w$

(4) $((p\to\neg q)\to(s\wedge\neg r))\leftrightarrow\neg s$

4. 用真值表法判定下列公式的类型.

(1) $p\to(p\vee q\vee r)$

(2) $(q\wedge(n\to q))\to(n\to\neg m)$

(3) $(u\to q)\leftrightarrow(\neg r\to\neg q)$

(4) $(q\to r)\wedge r$

(5) $(p\to q)\to(\neg q\to\neg p)$

5. 用等值演算法判定下列公式的类型.

(1) $p\to(p\vee\neg q\vee r)$

(2) $\neg s\to(m\to(s\vee r))$

(3) $(\neg r\vee\neg p)\leftrightarrow((p\to q)\vee r)$

(4) $(\neg(p\to q)\wedge q)\wedge r$

(5) $\neg(p\leftrightarrow q)\leftrightarrow((p\wedge\neg q)\vee(\neg p\wedge q))$

6. 用等值演算法证明下列等值式.

(1) $((p_1\wedge\neg p_2)\to p_3)\Leftrightarrow(p_1\to(p_2\vee p_3))$

(2) $(\neg q\to\neg p)\Leftrightarrow(p\to(p\to q))$

(3) $((s\to q)\wedge(s\to r))\Leftrightarrow(s\to(q\wedge r))$

(4) $((p\to r)\wedge(q\to r))\Leftrightarrow((p\vee q)\to r)$

(5) $(((p\wedge q)\to r)\wedge(q\to(s\vee r)))\Leftrightarrow((q\to(s\to p)\to r))$

7. 某工厂要从 A,B,C,D,E 五种新型产品中选择几种产品投产，根据该厂的实际生产条件及市场需求的调查分析结果，选择时必须满足以下条件：

(1)若选择 A,则必须选择 B;

(2)D,E 两种产品至少选择一种;

(3)B,C 两种产品只选择一种;

(4)C,D 两种产品都选择或都不选择;

(5)若选 E,则必须选择 A 和 B.

请用等值演算法为该厂做出选择方案.

8. 求下列公式的析取范式和合取范式.

(1)$(p \vee \neg q) \rightarrow \neg s \wedge t$

(2)$(p \leftrightarrow q) \wedge (\neg s \vee t)$

(3)$\neg(p \vee \neg q) \leftrightarrow (p \wedge q)$

(4)$(p \wedge (q \rightarrow s)) \rightarrow r$

9. 用真值表法求下面公式的主析取范式和主合取范式.

(1)$(p \vee q) \wedge r$

(2)$p \rightarrow (p \vee q \vee r)$

(3)$(p \rightarrow q) \rightarrow (p \leftrightarrow \neg q)$

(4)$(p \vee q) \vee (\neg p \wedge r)$

10. 用等值演算法求下面公式的主合取范式和主析取范式.

(1)$r \rightarrow \neg(p \vee q)$

(2)$((p \rightarrow q) \rightarrow (p \vee \neg q)) \vee \neg p$

(3)$p \wedge (r \rightarrow \neg q)$

(4)$(p \rightarrow q) \wedge (r \rightarrow q)$

11. 用主析取范式判断下列公式是否等值.

(1)$(p \rightarrow q) \rightarrow r$ 与 $p \rightarrow (q \rightarrow r)$

(2)$(p \rightarrow q) \rightarrow (p \vee \neg r)$ 与 $(\neg p \vee q) \rightarrow (r \rightarrow \neg p)$

12. 用主合取范式判断下列公式是否等值.

(1)$p \wedge (q \leftrightarrow r)$ 与 $(p \wedge q) \leftrightarrow r$

(2)$(p \rightarrow q) \wedge (r \rightarrow q)$ 与 $(\neg p \rightarrow r) \rightarrow q$

13. 某学生要从 A,B,C 三门选修课中选修 1～2 门,根据学校的排课计划以及该生的实际情况,选择时必须满足以下条件:

(1)若选择 A,则必须选择 C;

(2)若选择 B,则不能选择 C;

(3)若不选择 C,则可选择 A 或 B.

问该生有几种选择方案.

14. 构造下面的推理证明.

(1) 前提: $p, p \to q, q \to r$

结论: r

(2) 前提: $\neg(p \wedge q), \neg q \vee r, \neg r$

结论: $\neg p$

(3) 前提: $s \to \neg q, r \vee s, \neg r, \neg r \leftrightarrow q$

结论: $r \vee \neg p$

(4) 前提: $p \to (\neg q \vee r), p \wedge q$

结论: $r \vee s$

15. 用附加前提法证明下列推理是有效的.

(1) 前提: $p \to (q \to s), q, p \vee \neg r$

结论: $r \to s$

(2) 前提: $p \to (\neg q \vee r), s \vee t, (s \vee t) \to p$

结论: $q \to r$

(3) 前提: $p \to q$

结论: $p \to (p \wedge q)$

16. 用归谬法证明下列推理正确.

(1) 前提: $(t \wedge \neg q) \to r, \neg r \vee s, \neg s, t$

结论: q

(2) 前提: $\neg t \vee \neg q, r \to q, r \wedge \neg s$

结论: $\neg t$

(3) 前提: $p \vee q, p \to r, q \to s$

结论: $r \vee s$

17. 符号化下列论断,并用演绎法验证论断是否正确.

(1) 甲、乙、丙、丁四人参加跑步比赛,如果甲获冠军,则乙或丙将获得亚军,如果乙获得亚军,则甲不能获得冠军,如果丁获得亚军,则丙不能获得亚军,事实是甲已获得冠军,所以丁不能获得亚军.

(2) 如果乙不参加篮球赛,那么甲就不参加;如果乙参加篮球赛,那么甲和丙就参加.因此,如果甲参加篮球赛,那么丙就参加.

(3) 如果刘丽萍去华盛顿,如果赵明雄不上课,那么赵明雄一定在华盛顿接她.如果刘丽萍去美国,那么她一定去华盛顿.赵明雄不上课.所以,如果刘丽萍去美国,那么赵明雄一定在华盛顿接她.

(4) 有红、黄、蓝、白四队参加足球赛.如果红队第三,则当黄队第二时,蓝队第四;或者白队不是第一,或者红队第三;事实上,黄队第二.因此,如果白队第一,那么蓝队第四.

第 3 章　谓 词 逻 辑

在命题逻辑中，命题是逻辑的最基本单位，对于简单命题不能再进行分解，所以不能表示命题内部的联系以及数量关系，虽然能完成一些简单的推理，但是具有局限性，例如，表示苏格拉底三段论这个经典问题：凡人要死，苏格拉底是人，所以苏格拉底要死. 符号定义如下：

P：凡人要死；

Q：苏格拉底是人；

R：苏格拉底要死.

此三段论表示为$(P \wedge Q) \rightarrow R$.

苏格拉底三段论是正确的，但$(P \wedge Q) \rightarrow R$ 却不是重言式，这就是命题逻辑的局限性. 为了解决这个问题，将简单命题进行细分，分解出个体词、谓词和量词，表示出个体和总体的内在联系以及数量关系. 这就是谓词逻辑研究的内容.

§3.1　谓词逻辑概述

谓词逻辑也称**一阶逻辑**，是命题逻辑的扩充，是数理逻辑的一部分. 谓词逻辑包含了命题逻辑的全部内容，此外，还包含对命题中个体对象的性质和个体对象之间关系的描述及推理. 在谓词逻辑中，简单命题不再是最小的研究单位. 简单命题可分解为更小的成分：个体词和谓词. 谓词逻辑主要研究命题中涉及的全体对象与特定对象、部分对象与特定对象及全体对象与部分对象之间的逻辑关系.

把命题逻辑扩充到谓词逻辑有三方面的意义：

(1)增加了表达问题的能力. 在谓词逻辑中，可描述个体的性质及命题之间的一些共同特性.

(2)增加了描述问题的范围. 在谓词逻辑中，可描述命题中的个体变化的范围.

(3)增加了推理能力. 在谓词逻辑中，可以做比命题逻辑更多的推理.

在谓词逻辑中，可以把命题分解为更小的两个基本部分：一是命题所描述的主要对象；二是命题所描述的单个主要对象的性质、特征、状态、处境等特性，或多个(包含二个)主要对象之间的关系.

3.1.1 谓词逻辑基本概念

1. 个体

定义 3-1　**个体**是命题描述的主要对象，指可独立存在的对象，类似于集合的元素.

在谓词逻辑中，**个体**是指所要讨论的某个领域中的对象. 个体又分为个体常量和个体变元.

个体域中具体的、特定的个体对象称为**个体常量**，通常用 $a,b,c,\cdots$ 表示.

例如：

“张明是学生”，其中“张明”是 1 个个体常量；

“王刚与李立是同学”，其中“王刚”和“李立”是 2 个个体常量.

如果用集合 D 表示一个个体论域，D 中的每一个元素都是一个个体常量.

在个体论域内抽象的、泛指的个体称为**个体变元**，通常用 x,y,z 表示.

例如：

“x 是一个实数”，x 是个体变元；

“兔子比乌龟跑得快”，兔子乌龟是泛指的个体，所以是个体变元，可以定义为 x,y.

谓词逻辑所讨论的个体所在范围的集合称为**论域**，在具体应用时要指明个体的论域.

逻辑中所涉及的所有个体称为**全总个体域**，一般在谓词逻辑中如果未特别说明，则论域为**全总个体域**.

2. 谓词

定义 3-2　用于描述个体对象的性质或个体对象之间的关系的词称为**谓词**，通常用大写字母 $P,Q,\cdots$ 表示.

例如：

“张明是学生”，其中“……是学生”是谓词.

“王刚与李立是同学”，其中“……与……是同学”是谓词.

“x 是一个实数”，其中“……是实数”是谓词.

“兔子比乌龟跑得快”，其中“……比……跑得快”是谓词.

谓词同个体词一样，也分为常项和变项. 以上谓词都是具体的谓词，称为**谓词常项**，它表示一种特定的性质或关系.

不指定任何含义的谓词称为**谓词变元**. 例如，“x 与 y 具有关系 L”，其中“关系 L”就是一个表示二元关系的谓词，但并没有指定 L 是什么二元关系，即 L 可以代表任何一个二元关系，这时 L 就是一个谓词变元.

表示单个个体的性质的谓词称为**一元谓词**. 在谓词逻辑中，一个个体的性质、特征、状态、处境等特性统称为性质. 表示二个个体之间的关系的谓词称为**二元谓词**，一般用来表示个体之间的联系.表示三个个体之间的关系的谓词称为**三元谓词**.表示 n 个个体之间的关系的谓词称为 n **元谓词**.例如：

"5 是一个整数",其中"……是整数"就是一个一元谓词.

"比尔与马奇是同学",其中"……与……是同学"是一个二元谓词.

"武汉位于北京与广州之间",其中"……位于……与……之间"是一个三元谓词.

例 3-1 用个体词和谓词符号表示下列命题.

(1)2 是素数.

(2)王丽与刘强是同学.

(3)电话在台灯与笔筒之间.

解 (1)"2"是个体常量,"是素数"是一元谓词,可以定义为 $P(x)$,该命题表示为 $P(2)$.

(2)"王丽""刘强"是个体常量,可以定义为 a,b."……与……是同学"是一个二元谓词,可以定义为 $Q(x,y)$,该命题表示为 $Q(a,b)$.

(3)"电话""台灯""笔筒"是个体常量,定义为 a,b,c."……在……和……之间"是一个三元谓词,可以定义为 $L(x,y,z)$,该命题表示为 $L(a,b,c)$.

例 3-2 将下列命题在谓词逻辑中符号化,并讨论它们的真值.

(1)只有 2 是素数,4 才是素数.

(2)如果 5 大于 4,则 4 大于 6.

解 (1)设一元谓词 $F(x)$:x 是素数.a:2,b:4.(1)中命题符号化为蕴涵式

$$F(b)\rightarrow F(a).$$

由于此蕴涵前件为假,所以(1)中命题为真.

(2)设二元谓词 $G(x,y)$:z 大于 y,a:4,b:5,c:6,$G(b,a)$,$G(a,c)$是两个谓词,把(2)中命题符号化为

$$G(b,a)\rightarrow G(a,c).$$

由于 $G(b,a)$为真,而 $G(a,c)$为假,所以(2)中命题为假.

3. 量词

仅仅使用个体词和谓词还不能表达出个体之间的数量关系,例如,"所有人都呼吸""有的人吸烟"这样的命题需要对个体词进行量化.所谓**个体变元的量化**,是指对个体变元的量进行描述,量化特征是指满足谓词所述条件的个体有多少.

定义 3-3 用于描述个体变元量化特征的词称为**量词**.

谓词逻辑可以描述两种量化特征:一种是论域中的所有个体对象都满足谓词所述条件;另一种是论域中有部分个体对象满足谓词所述条件.所以,在谓词逻辑中有两种量词:全称量词和存在量词.

表示个体变元取遍个体论域中的每一个值的量词称为**全称量词**.例如,"所有的"

"一切的""每一个""任意的""凡""都"等都是全称量词,用符号∀加上一个个体变元表示.如$\forall x$,$\forall y$等都是全称量词,其中,∀表示"全称",读作"所有的",或"每一个",而x,y是个体变元.

例如,$\forall xF(x)$表示所有x都具有性质F.

注意:符号∀不能单独使用,其后必须紧跟着一个个体变元.量词$\forall x$作为一个整体看待.

表示个体变元在个体论域中取某个值的量词称为**存在量词**.例如,表示"存在""有的""有些""有一个""至少有一个"等都是存在量词.用符号∃加上一个个体变元表示.如$\exists x$,$\exists y$都是存在量词,其中,∃表示"存在",读作"存在",或"有这样的".

例如,$\exists xF(x)$表示存在x具有性质F.

注意:符号∃不能单独使用,其后必须紧跟着一个个体变元.量词$\exists x$作为一个整体看待.

3.1.2　描述实际问题

1. 确定谓词

如果陈述句中的谓语是描述单个个体的性质,则选用一元谓词;如果陈述句中的谓语描述$n(n\geqslant 2)$个个体之间的关系,则选用n元谓词.

2. 确定个体词

在一个命题中有时会涉及多个对象,但只有其中的主要对象可作为谓词公式的个体,次要对象不能作为谓词公式的个体,因此在谓词公式中不必描述次要对象.

3. 量词的使用

量词用于描述个体变元取值范围对命题真假的影响.但是,在谓词逻辑中只能描述两种范围:一种是个体论域中的所有个体;另一种是存在个体论域中的某一个或一部分个体.对于其他情况,谓词公式没有能力表达.

例如,对于语句"我们班一半以上的同学通过了英语四级考试",谓词逻辑中的量词不能表示"一半以上"的范围.只能表示"所有同学都通过了英语四级考试",或"有同学通过了英语四级考试".这是经典谓词逻辑的局限性,若要增加表达能力,则必须对谓词逻辑做进一步的扩充.

如果一个命题描述了个体论域中的所有个体,则使用全称量词;如果命题描述个体论域中的部分个体,则使用存在量词;如果命题没有描述个体的范围,则不用量词.

如果命题中给定了个体域,则不用再做描述;如果没有指出具体的个体域,则默认是全总个体域.此时,需要用一个附加谓词(也称特性谓词)来描述个体的取值范围.

例如,对于命题"每个大学生都要学外语",设$S(x)$:x是大学生.$F(x)$:x学外语.则原命题可表示为$\forall x(S(x)\rightarrow F(x))$.这里的$S(x)$描述了$x$是大学生这个特性,从而

间接地限定了 x 的取值范围.换句话说,如果 x 不是大学生,那么就没有必要去讨论 x 学不学外语.

例 3-3 在不同的个体域限制下,将下列命题符号化:

(1)所有人都呼吸.

(2)有的人吸烟.

解 取个体域为人类集合.

(1)在这个个体域中除了人没有其他的个体,所以该个体域范围内所有个体都满足条件.

令 $F(x)$表示:x 呼吸,该命题表示为 $\forall xF(x)$.

(2)个体域中存在一部分个体吸烟,令 $G(x)$表示:x 吸烟;所以表示为 $\exists xG(x)$.

取个体域为全总个体域.

(1)原命题中有一个全称量词"所有",相应的约束变元的变化范围是"人",在全总个体域中,并不只有人,而是包括了宇宙中万事万物,所以需要先将"人"分离出来;可以将命题描述如下:对于宇宙间的万事万物,如果它是人,那么它就需要呼吸.设 $M(x)$:x 是人.$F(x)$:x 呼吸.则原命题表示为 $\forall x(M(x)\rightarrow F(x))$.

(2)原命题中有一个存在量词"有的",相应的约束变元的变化范围是"人";可以将命题描述为在宇宙万事万物中,存在这样的个体,是人并且吸烟.设 $M(x)$:x 是人.$G(x)$:x 吸烟.则原命题表示为 $\exists x(M(x)\wedge G(x))$.

说明:

(1)在不同的个体域中,命题符号化的形式是不同的,由于在第二种情况全总个体域时,需要先表示出来"人",所以使用了谓词 $M(x)$.

(2)有些初学者会将命题(1)写为 $\forall x(M(x)\wedge F(x))$,这种写法翻译成自然语言对应的是:"宇宙间的任何事物都是人并且呼吸",这显然与原命题表达的含义相违背.而命题(2)如果写为 $\exists x(M(x)\rightarrow G(x))$,这种写法翻译成自然语言对应的是:"宇宙间存在这样的事物,如果它是人就得吸烟",这与原意也不同.因而这两种写法都是错误的.

(3)在谓词符号化时遵循如下规则:**全称量词常与蕴涵式公式配合使用,存在量词常与合取式公式配合使用.**

例 3-4 用谓词公式表示下列命题.

(1)没有不吃饭的人.

(2)存在不吃饭的人.

(3)不是所有的人都吃饭.

解 设 $M(x)$:x 是人.$E(x)$:x 吃饭.则:

(1)"没有"即是不存在的意思,则此处使用存在量词,而存在量词后面跟的是合取式，所以命题可表示为$\neg\exists x(M(x)\wedge\neg E(x))$.

这个命题从自然语言角度理解，还可以表示为“所有的人都吃饭”，所以可以符号化为$\forall x(M(x)\rightarrow E(x))$.

可以证明上述两个公式是等值的.

(2)该命题使用存在量词，所以也是合取式，“不吃饭”这个否定词是直接否定谓词的，符号化为$\exists x(M(x)\wedge\neg E(x))$.

(3)该命题的否定词否定的是整个语句，量词为全称量词，后面跟蕴含式，符号化为$\neg\forall x(M(x)\rightarrow E(x))$.

有否定词的谓词表示需要注意否定词的位置，一个命题有多种表示形式，一般表示为最接近自然语言描述的形式.

例 3-5 用谓词公式表示下列命题.

(1)兔子比乌龟跑得快.

(2)并非所有的兔子比所有的乌龟跑得快.

(3)有的兔子比有的乌龟跑得快.

(4)有的兔子不比有的乌龟跑得快.

(5)没有两个跑得同样快的兔子.

解 在未指定个体域时，一律使用全总个体域，所以本题中的个体“兔子”“乌龟”都要定义为谓词，还有一个两者的比较关系，定义为二元谓词.

设$F(x)$：x是兔子. $G(y)$：y是乌龟. $H(x,y)$：x比y跑得快. $L(x,y)$：x与y跑得同样快.

(1)$\forall x\forall y(F(x)\wedge G(y)\rightarrow H(x,y))$.

(2)$\neg\forall x\forall y(F(x)\wedge G(y)\rightarrow H(x,y))$.

(3)$\exists x\exists y(F(x)\wedge G(y)\wedge H(x,y))$.

(4)$\exists x\exists y(F(x)\wedge G(y)\wedge\neg H(x,y))$.

(5)$\neg\exists x\exists y(F(x)\wedge F(y)\wedge L(x,y))$.

对于n元谓词的命题，在符号化时应该注意以下问题：

(1)分析命题中表示性质和关系的谓词，分别符号化为一元和n元谓词.

(2)注意全称量词或存在量词的选取，并且注意规则依然是全称量词常与蕴涵式公式配合使用，存在量词常与合取式公式配合使用.

(3)一般来说，多个量词出现时，顺序不能随意调换，会改变命题的含义及命题的真值.

§3.2 谓词公式与解释

上一节已经将谓词逻辑中的命题符号化，这些符号化形式就是谓词逻辑中的谓词公式.

3.2.1 谓词的合式公式

定义 3-4 设 P 是一个 n 元谓词,$t_1,t_2,\cdots,t_n$ 是项,则 $P(t_1,t_2,\cdots,t_n)$ 构成一个谓词公式,称为**原子谓词公式**.

一个原子谓词公式由两部分构成:谓词和个体词.这两部分是相互独立的,但两者联合使用才有意义.单独的谓词、单独的个体词、单独的项都不能构成谓词公式,而且原子谓词公式的结构必须写成 $P(x_1,x_2,\cdots,x_n)$ 的形式.

定义 3-5 谓词逻辑中的**合式公式**定义如下:

(1)任何一个原子谓词公式都是合式公式;

(2)若 A 是合式公式,则$(\neg A)$也是合式公式;

(3)若 A,B 是合式公式,则$(A\wedge B)$,$(A\vee B)$,$(A\rightarrow B)$,$(A\leftrightarrow B)$都是合式公式;

(4)若 A 是合式公式,则$(\forall xA)$,$(\exists xA)$也是合式公式;

(5)仅由(1)~(4)在有限步内产生的公式才是合式公式.

谓词合式公式也称**谓词公式**,简称**公式**.在合式公式的书写过程中公式外面的括号可以省略.

例 3-6 判断下面哪些是谓词合式公式.

(1)$p\rightarrow q\vee r$;

(2)$F(x,y)\wedge\exists zG(y,z)$;

(3)$\forall x(p\wedge q)\leftrightarrow\forall yF(y)$.

解 (1)不是谓词合式公式,因为 p,q,r 不是原子谓词公式,该公式仅是命题合式公式;

(2)是合式公式;

(3)不是合式公式.

3.2.2 自由变元和约束变元

定义 3-6 在含有量词的公式中,被某个量词量化的子公式(或整个公式)称为该量词的**辖域**.在谓词公式中,出现在量词 $\forall x$(或 $\exists x$)辖域中的变元 x 称为**约束变元**.不是约束变元的变元称为**自由变元**.

例如,在公式 $\forall xP(x,y)\vee\exists y(Q(x)\rightarrow R(x,y))$中,$\forall x$ 的辖域是 $P(x,y)$,$\exists y$ 的辖域是 $Q(x)\rightarrow R(x,y)$.

例 3-7 找出下列公式中的自由变元和约束变元以及量词的辖域.

(1)$\exists x(F(x,y)\rightarrow\forall yH(x,y,z))$;

(2) $\forall xF(x)\to G(x,c)$；

(3) $\forall x\forall y(R(x,y)\to L(y,z))\land\exists xH(x,y)$.

解　(1) $F(x,y)$ 中的 x 是约束变元，y 是自由变元；$H(x,y,z)$ 中的 x 和 y 是约束变元，z 是自由变元；$\exists x$ 的辖域 $F(x,y)\to\forall yH(x,y,z)$；$\forall y$ 的辖域是 $H(x,y,z)$.

(2) $F(x)$ 中的 x 是约束变元；$G(x,c)$ 中的 x 是自由变元；$\forall x$ 的辖域是 $F(x)$.

(3) $R(x,y)$ 中的 x 和 y 是约束变元；$L(y,z)$ 中的 y 是约束变元，z 是自由变元；$H(x,y)$ 中的 x 是约束变元，y 是自由变元；$\forall x$ 的辖域是 $\forall y(R(x,y)\to L(y,z))$；$\forall y$ 的辖域是 $R(x,y)\to L(y,z)$；$\exists x$ 的辖域是 $H(x,y)$.

定义 3-7　设 A 是一个谓词公式，若 A 中没有自由变元，则称 A 为**闭公式**.

例如，$\exists x\forall y(F(x)\lor G(x,y))$ 是闭公式，而 $\forall x(F(x)\to G(x,y))$ 不是闭公式.

任何一个闭公式都表示一个命题；一个含有自由变元的公式不能表示一个命题.

令 $R(x)$ 表示：x 是实数；$G(x,y)$ 表示：x 大于 y，则公式 $R(3)$ 是一个真命题；公式 $\forall x(R(x)\to G(x,y))$ 不表示一个命题；公式 $\forall x(R(x)\to\exists y(R(y)\land G(x,y)))$ 表示一个真命题.

公式中的自由变元是泛指的，是没有意义的，如果没有自由变元，则每个变元都是受约束的，有范围的，这时如果谓词都是谓词常项，有具体的意义，那么整个公式也就有意义了，成为一个命题.

3.2.3　谓词公式的解释

可以将文字描述的命题表示为谓词公式，那么给出一个谓词公式，是否能翻译成文字描述呢？一个谓词公式是由一些抽象的谓词符号、个体词、量词和逻辑联结词等组成的表达式，这些表达式可能不代表任何具体的意义. 如果指定谓词公式中各个符号分别代表某些具体意义，那么谓词公式就代表了某种具体的意义，这就是对谓词公式的解释.

例如，$\forall x(T(x)\to\exists yS(y,x))$ 本身没有意义，如果令 $T(x)$ 表示"x 是一个教师"，$S(y,x)$ 表示"y 是 x 的学生"，则谓词公式 $\forall x(T(x)\to\exists yS(y,x))$ 代表具体的命题"每一位老师都至少有一名学生". 这就是对谓词公式 $\forall x(T(x)\to\exists yS(y,x))$ 的一个解释.

定义 3-8　**谓词公式的一个解释**包含以下几方面的内容：

(1) 给定一个非空个体域 D，其中，D 是一个集合并且包含公式中所有要讨论的个体；

(2) 为公式中的每一个个体常量指定 D 中的一个相应的元素；

(3) 为公式中的每一个自由变元指定 D 中的一个元素（也称给自由变元赋值）；

(4) 为公式中的 n 元谓词符号指定一个特定的谓词.

谓词公式由一些形式符号构成.一个谓词公式可以有无穷多个解释,公式的每一个具体的解释都给出公式所代表的一个具体意义,组成解释的内容是应用领域中的具体内容.

例 3-8 为公式$\exists x(F(x) \land \neg G(x))$构造两个解释,在这两个解释下该公式的真值结果分别是"真"和"假".

解 (1)取个体域 D 为实数集,设 $F(x)$:x 是有理数. $G(x)$:x 是偶数. 则公式$\exists x(F(x) \land \neg G(x))$被解释为:有些有理数不是偶数.可以验证该解释下公式值为"真".

(2)取个体域 D 为实数集,设 $F(x)$:x 是偶数. $G(x)$:x 是有理数. 则公式$\exists x(F(x) \land \neg G(x))$被解释为:有些偶数不是有理数.可以验证该解释下公式值为"假".

由此可见,**同一个公式不同的解释真值会不同.**

例 3-9 设有如下谓词公式:$F(a)$,$H(a,b)$,$\forall xF(x)$,$\exists x \exists yG(x,y)$,请给出这些公式的一个解释 I,使得这些公式代表具体的意义.

解 定义解释 I 的各部分内容如下:

(1)个体论域 D_I={李丽,张明,王刚,赵强,刘朋,王月,李天,张涛};

(2)$F(x)$:x 是一个学生;$G(x,y)$:x 与 y 是老乡;$H(x,y)$:x 与 y 是同学;令 a=李丽;b=王刚.

有了以上的解释,题中给出的谓词公式都代表了一定的具体意义.

注意:个体变元与个体常项的解释是不同的,各公式中的个体变元可以任意取值.但是,个体常项 a 只能取一个值,在 $F(a)$中的 a 和 $H(a,b)$中的 a 必须解释为同一个对象"李丽".

$F(a)$被解释为:李丽是一个学生;

$H(a,b)$被解释为:李丽与王刚是同学;

$\forall xF(x)$被解释为:论域中的所有对象都是学生;

$\exists x \exists yG(x,y)$被解释为:在论域中有两个对象是老乡.

谓词公式都被解释为具体的命题,但还是无法判定这些命题的真假.如何解决这个问题呢?这需要给出一个判别命题真假的准则.例如,怎样确定"李丽是一个学生"?在谓词逻辑的研究中,通常用"模型"作为判别命题真假的准则,即给出论域中个体之间确切的关系.

在以上给出的解释中,有两点需要说明:

(1)解释中给定的非空个体域划定了谓词公式讨论的范围.也就是说,谓词公式只在给定的个体域范围内讨论,不讨论个体域以外的问题.

(2)解释中给出的模型是判断命题真假的依据,无论给出的模型是否符合实际情况,都必须按模型的内容进行判定.

容易看出,有了公式的解释就可以根据模型判定公式所表示的命题的真假.这种具有数学结构的解释也称为公式的模型.

3.2.4　谓词公式的分类

一个谓词公式可以有多个解释,有的解释使公式为真,有的解释使公式为假.但也有一些公式在任何解释下都为真,而有些公式在任何解释下都为假.根据公式与解释的关系,可以把谓词公式分为三种类型:永真式、矛盾式和可满足式.

定义 3-9　若公式 A 在任何解释下均为真,则称 A 为**永真式**.

若公式 A 在任何解释下均为假,则称 A 为**矛盾式**(或**永假式**).

若(至少)存在一个解释使公式 A 为真,则称 A 为**可满足式**.

在谓词逻辑中,由于公式的复杂性和解释的多样性,到目前为止,还没有找到一种可行的算法,用来判断任意一个公式是否是可以满足的,这与命题逻辑的情况是完全不同的.但对某些特殊的公式还是可以判断的.

例 3-10　判断下列公式的类型.

(1) $\forall xF(x)\to\exists xF(x)$.

(2) $\exists x(G(x)\land\neg G(x))$.

(3) $\forall x(P(x)\to Q(x))$.

解　(1)是永真式.理由如下:对于任何一个解释 I,设 D 是 I 的非空个体域,则 D 中至少存在一个个体 a.因为公式 $\forall xF(x)\to\exists xF(x)$ 的前件是 $\forall xF(x)$,后件是 $\exists xF(x)$,所以在解释 I 下,若 $\forall xF(x)$ 为假,由命题逻辑知,$\forall xF(x)\to\exists xF(x)$ 为真;若 $\forall xF(x)$ 为真,对个体域 D 中的每一个元素 x,$F(x)$ 都是真的,所以 $F(a)$ 为真,$\exists xF(x)$ 也为真.故 $\forall xF(x)\to\exists xF(x)$ 为真.由解释 I 的任意性,可知(1)是永真式.

(2)是矛盾式.用反证法证明该结论:若公式 $\exists x(G(x)\land\neg G(x))$ 不是矛盾式,则至少存在一个解释 I 使得 $\exists x(G(x)\land\neg G(x))$ 为真.设 D 是 I 的个体域,存在 $a\in D$ 使得 $G(a)\land\neg G(a)$ 为真.这是一个矛盾,因为对任何一个 a,$G(a)\land\neg G(a)$ 总是假的.

(3)是可满足式.构造一个解释如 I 下:令个体域 D 是实数集.设 $P(x)$:x 是一个整数.$Q(x)$:x 是一个有理数.则在解释 I 下,公式 $\forall x(P(x)\to Q(x))$ 是真的.再构造一个解释 I' 如下:令个体域 D 是实数集.设 $P(x)$:x 是一个整数.$Q(x)$:x 是一个奇数.则在解释 I' 下,公式 $\forall x(P(x)\to Q(x))$ 是假的.所以,(3)是可满足式,但不是永真式.

定义 3-10　设 B 是含命题变元 $P_1,P_2,\cdots,P_n$ 的命题公式,$A_1,A_2,\cdots,A_n$ 是 n 个谓词公式,在 B 中用 $A_i(1\leqslant x\leqslant n)$ 处处代换 P_i,所得公式 A 称为 B 的一个**代换实例**.

例如,$F(x)\to G(x)$ 和 $\forall xF(x)\to\exists xG(x)$ 都是命题公式 $p\to q$ 的代换实例.而 $\forall xF(x)\to(\forall xF(x)\to G(x))$ 不是 $p\to q$ 的代换实例.

定理 3-1　重言式的所有代换实例都是永真式,矛盾式的所有代换实例都是矛盾式.

例 3-11 判断下列公式类型.

(1) $\forall xG(x)\land\neg(\forall xG(x))$.

(2) $\exists xF(x)\lor\neg(\exists xF(x))$.

(3) $\neg(\forall xF(x)\to\exists yG(y))\land\exists yG(y)$.

解 (1)公式 $\forall xG(x)\land\neg(\forall xG(x))$ 可以理解为是 $p\land\neg p$ 的代换实例,为永假式.

(2) $\exists xF(x)\lor\neg(\exists xF(x))$ 可以理解为是 $p\lor\neg p$ 的代换实例,为永真式.

(3)该公式是命题公式 $\neg(p\to q)\land q$ 的代换实例,而该命题公式是矛盾式,所以为矛盾式.

§3.3 谓词公式的等值演算

在谓词逻辑中,有些命题可以符号化为不同的形式,例如,没有不吃饭的人,取全总个体域,符号化为下面两种形式:

$$\neg\exists x(M(x)\land\neg E(x));$$

$$\forall x(M(x)\to E(x)).$$

其中 $M(x)$:x 是人;$E(x)$:x 吃饭;这两个公式都是正确的,说明这两个公式表达含义一致,是等值的.

定义 3-11 设 A,B 是两个谓词公式,若 $A\leftrightarrow B$ 是永真式,则称 A 与 B 是**等值的**,记为 $A\Leftrightarrow B$.

3.3.1 谓词公式置换规则

设 $\Phi(A)$ 是含子公式 A 的一个谓词公式,$\Phi(B)$ 是用公式 B 取代 $\Phi(A)$ 中的一些 A 或所有的 A 之后得到的公式,若 $A\Leftrightarrow B$,则 $\Phi(A)\Leftrightarrow\Phi(B)$.

命题逻辑中的所有等值式的代换实例都是谓词逻辑中的等值式,所以命题逻辑中的所有等值演算方法都可在谓词逻辑中使用.例如:

$$\forall xF(x)\Leftrightarrow\neg\neg\forall xF(x);$$

$$F(x)\to G(y)\Leftrightarrow\neg F(x)\lor G(y).$$

3.3.2 变元换名规则

在一个公式中经常会有不在同一辖域内同名的变元,为了不造成混淆,需要先给变元换名才能进行等值演算.

1. 约束变元换名规则

设 A 是一个谓词公式,$\forall xB(x)$ 是 A 的子公式,y 是未在 $B(x)$ 中出现过的个体变元符号，将公式 A 中的 $\forall xB(x)$ 换成 $\forall yB(y)$（即把 $\forall xB(x)$ 中的所有 x 都换成 y），公式中其余部分不变，换名后所得到的公式记为 A'，则 $A\Leftrightarrow A'$.

同样地，设 $\exists xB(x)$ 是 A 的子公式，y 是未在 $B(x)$ 中出现过的个体变元符号，将公式 A 中的 $\exists xB(x)$ 换为 $\exists yB(y)$（即把 $\exists xB(x)$ 中的所有 x 都换成 y），公式中其余部分不变，换名后所得到的公式记为 A'，则 $A\Leftrightarrow A'$.

注意：(1)公式换名的目的是能清楚地区分公式中各个子公式是否真正受某个量词的约束，以便在进行逻辑推理或逻辑运算时不会出错.

(2)约束变元的换名以量词及其辖域为操作单元，即对公式中的某个量词换名就要对量词及其辖域中出现的所有相同变元都换为同一个新的变元，而辖域以外的所有变元保持不变.

2. 自由变元换名规则

将谓词公式 A 中的某个自由变元处处替换成在 A 中未出现过的个体变元符号，A 的其余部分不变，替换后所得公式记为 A'，则 $A\Leftrightarrow A'$.

3. 公式变元换名的一般步骤

(1)确定是否需要换名. 若公式中有某个个体变元符号既是约束变元又是自由变元，或某个个体变元符号被两个(或两个以上)量词约束，则公式需要换名；

(2)为公式的个体变元换名时，从最里层的量词及其辖域开始，逐步扩大范围；

(3)一般情况下，完成了约束变元的换名后，自由变元就不需要换名了. 所以，除了在推理中需要与另外的公式完全匹配其自由变元外，不必对自由变元换名.

例 3-12　将下列公式换为与之等值的公式，使其中的约束变元和自由变元的符号互不相同.

(1) $\forall x\forall y(R(x,y)\vee L(y,z))\wedge\exists xH(x,y)$；

(2) $\forall xF(x,y,z)\rightarrow\exists yG(x,y,z)$.

解　(1) $\forall x\forall y(R(x,y)\vee L(y,z))\wedge\exists xH(x,y)$

用 t 替换 $\exists xH(x,y)$ 中的 x 得

$$\forall x\forall y(R(x,y)\vee L(y,z))\wedge\exists tH(t,y);$$

用 u 替换 $\forall x\forall y(R(x,y)\vee L(y,z))$ 中的 y 得

$$\forall x\forall u(R(x,u)\vee L(u,z))\wedge\exists tH(t,y).$$

至此，公式 $\forall x\forall u(R(x,u)\vee L(u,z))\wedge\exists tH(t,y)$ 中的各约束变元和自由变元没有“重叠”出现，因此，不必再换. 由换名规则知，换名后的公式

$$\forall x\forall u(R(x,u)\vee L(u,z))\wedge\exists tH(t,y)$$

与原公式等值.

(2) $\forall xF(x,y,z)\rightarrow\exists yG(x,y,z)$

$\Leftrightarrow\forall tF(t,y,z)\rightarrow\exists yG(x,y,z)$

$\Leftrightarrow\forall tF(t,y,z)\rightarrow\exists wG(x,w,z)$.

原公式中,x,y都是既约束出现又自由出现的个体变项,只有z仅自由出现,而在最后得到的公式中,x,y,z,t,w中再无既是约束出现又是自由出现个体变项了,还可以如下演算,也可以达到要求.

$$\begin{aligned}&\forall xF(x,y,z)\rightarrow\exists yG(x,y,z)\\\Leftrightarrow&\forall xF(x,t,z)\rightarrow\exists yG(x,y,z)\\\Leftrightarrow&\forall xF(x,t,z)\rightarrow\exists yG(w,y,z).\end{aligned}$$

注意:对公式中的变元进行换名时,一般是从"小辖域"到"大辖域",所以操作次序应该是"从里到外",而不是"从左到右".

3.3.3 量词等值式

在谓词逻辑中,除了用上面介绍的代换实例、置换规则、换名规则等可以得到公式的等值式以外,还有关于量词的一些特有的等值式.

1. 量词否定等值式

全称量词与存在量词有如下的等值变换关系:

(1) $\neg\forall xA(x)\Leftrightarrow\exists x\neg A(x)$;

(2) $\neg\exists xA(x)\Leftrightarrow\forall x\neg A(x)$.

2. 量词分配等值式

对任何的公式$A(x)$和$B(x)$,有:

(1) $\forall x(A(x)\wedge B(x))\Leftrightarrow\forall xA(x)\wedge\forall xB(x)$;

(2) $\exists x(A(x)\vee B(x))\Leftrightarrow\exists xA(x)\vee\exists xB(x)$.

注意:$\forall x(A(x)\vee B(x))\Leftrightarrow\forall xA(x)\vee\forall xB(x)$不成立.

$\exists x(A(x)\wedge B(x))\Leftrightarrow\exists xA(x)\wedge\exists xB(x)$不成立.

3. 量词交换等值式

对任何的公式$A(x)$,有:

(1) $\forall x\forall yA(x,y)\Leftrightarrow\forall y\forall xA(x,y)$;

(2) $\exists x\exists yA(x,y)\Leftrightarrow\exists y\exists xA(x,y)$.

注意:全称量词与存在量词不可随意交换,即$\forall x\exists yA(x,y)\Leftrightarrow\exists y\forall xA(x,y)$不成立.

例 3-13 判断下面等值式是否成立.

(1) $\forall x(A(x)\vee B(x))\Leftrightarrow\forall xA(x)\vee\forall xB(x)$;

(2) $\exists x(A(x)\wedge B(x))\Leftrightarrow\exists xA(x)\vee\exists xB(x)$;

(3) $\forall x\exists yG(x,y)\Leftrightarrow\exists y\forall xG(x,y)$.

解　构造一个解释 I 如下：个体域为全体整数；$A(x)$：x 是奇数；$B(x)$：x 是偶数；$G(x,y)$：$x>y$.

(1)左边公式 $\forall x(A(x)\vee B(x))$ 被解释为：所有的整数 x，x 是奇数或者 x 是偶数；右边公式 $\forall xA(x)\vee\forall xB(x)$ 被解释为：所有的整数都是奇数，或者所有的整数都是偶数. 左边为真，而右边为假，所以这两个公式不等值.

(2)左边公式被解释为：存在整数 x，使得 x 是奇数且 x 是偶数；右边公式被解释为：存在奇数 x 或存在偶数 x. 显然，左边为假而右边为真，所以这两个公式不等值.

(3)左边公式被解释为：对每个整数 x，都存在整数 y，使得 $x>y$；右边公式被解释为：存在一个整数 y，使得对每一个整数 x，都有 $x>y$. 左边是真，而右边是假，因为在整数集合中不存在 y，使得每个整数都大于这个 y. 所以这两个公式不等值.

4. 量词辖域的收缩与扩张

若公式 B 是量词 $\forall x$(或 $\exists x$)辖域中的一个子公式，且 x 不在 B 中出现，则量词 $\forall x$(或 $\exists x$)对 B 不产生任何影响. 于是有下面的量词辖域收缩与扩张等值式：

(1) $\forall x(A(x)\vee B)\Leftrightarrow(\forall xA(x)\vee B)$；

(2) $\forall x(A(x)\wedge B)\Leftrightarrow(\forall xA(x)\wedge B)$；

(3) $\forall x(A(x)\rightarrow B)\Leftrightarrow(\exists xA(x)\rightarrow B)$；

(4) $\forall x(B\rightarrow A(x))\Leftrightarrow(B\rightarrow\forall xA(x))$；

(5) $\exists x(A(x)\vee B)\Leftrightarrow(\exists xA(x)\vee B)$；

(6) $\exists x(A(x)\wedge B)\Leftrightarrow(\exists xA(x)\wedge B)$；

(7) $\exists x(A(x)\rightarrow B)\Leftrightarrow(\forall xA(x)\rightarrow B)$；

(8) $\exists x(B\rightarrow A(x))\Leftrightarrow(B\rightarrow\exists xA(x))$.

以上各式中，x 不在 B 中出现.

5. 量词的消去

设个体域 $D=\{a_1,a_2,\cdots,a_n\}$ 是有限集，则

$$\forall xA(x)\Leftrightarrow A(a_1)\wedge A(a_2)\wedge\cdots\wedge A(a_n);$$

$$\exists xA(x)\Leftrightarrow A(a_1)\vee A(a_2)\vee\cdots\vee A(a_n).$$

例 3-14　设个体域为 $D=\{a,b,c\}$，将下面各公式的量词消去.

(1) $\forall x(F(x)\rightarrow G(x))$；

(2) $\forall x(F(x)\vee\exists yG(y))$.

解　(1) $\forall x(F(x)\rightarrow G(x))$

$\Leftrightarrow(F(a)\rightarrow G(a))\wedge(F(b)\rightarrow G(b))\wedge(F(c)\rightarrow G(c))$.

(2) $\forall x(F(x)\vee\exists yG(y))$

$\Leftrightarrow\forall xF(x)\vee\exists yG(y)$

$\Leftrightarrow(F(a)\wedge F(b)\wedge F(c))\vee(G(a)\vee G(b)\vee G(c))$.

如果不将量词的辖域缩小,则演算过程较长.

注意:此时$\exists yG(y)$为与x无关的公式B.

例 3-15 证明下列各等值式.

(1)$\neg\exists x(M(x)\wedge F(x))\Leftrightarrow\forall x(M(x)\to\neg F(x))$;

(2)$\neg\forall x(F(x)\to G(x))\Leftrightarrow\exists x(F(x)\wedge\neg G(x))$.

证明 (1)$\neg\exists x(M(x)\wedge F(x))$

$\Leftrightarrow\forall x\neg(M(x)\wedge F(x))$

$\Leftrightarrow\forall x(\neg M(x)\vee\neg F(x))$

$\Leftrightarrow\forall x(M(x)\to\neg F(x))$.

(2)$\neg\forall x(F(x)\to G(x))$

$\Leftrightarrow\exists x\neg(F(x)\to G(x))$

$\Leftrightarrow\exists x\neg(\neg F(x)\vee G(x))$

$\Leftrightarrow\exists x(F(x)\wedge\neg G(x))$.

由此说明,这两个公式都有两种等值的符号化形式.

3.3.4 谓词公式的范式

定义 3-12 设A是一个谓词公式,如果A具有如下形式:

$$Q_1x_1Q_2x_2\cdots Q_kx_kB,$$

则称A为**前束范式**,其中$Q_i(1\leqslant i\leqslant k)$为$\forall$或$\exists$,$B$为不含量词的谓词公式.

例如:

$$\forall x\exists y(F(x,y)\to G(x,y));$$

$$\forall x\forall y\exists z(F(x)\wedge G(y)\wedge H(z)\to L(x,y,z)).$$

等公式都是前束范式,而

$$\forall x(F(x)\to\forall y(G(y)\vee H(x,y)));$$

$$\exists x(F(x)\wedge\forall y(G(y)\to H(x,y)))$$

等公式都不是前束范式.

定理 3-2(前束范式存在定理) 任何谓词公式都存在与之等值的前束范式.

求公式的前束范式的一般步骤:

(1)若公式中有约束变元和自由变元同名,或有重名的量词(例如,有多于一个的$\forall x$,或有多于一个的$\exists x$,或同时有$\forall x$和$\exists x$),则对个体变元进行换名;

(2)用量词变换等值式把出现在量词左边的否定联结词¬移到量词的右边;

(3)利用与量词有关的等值式把量词移到整个公式的左边;

(4)重复操作前三步,直至得到前束范式.

例 3-16　求下列公式的前束范式.

(1) $\forall xF(x) \land \neg \exists xG(x)$;

(2) $\forall xF(x,y) \to \exists yG(x,y)$;

(3) $(\forall xF(x,y) \to \exists yG(y)) \to \forall xH(x,y)$.

解　(1)方法一(没有个体变元换名的操作):

$\forall xF(x) \land \neg \exists xG(x)$

$\Leftrightarrow \forall xF(x) \land \forall x \neg G(x)$

$\Leftrightarrow \forall x(F(x) \land \neg G(x))$.

方法二(有个体变元换名的操作):

$\forall xF(x) \land \neg \exists xG(x)$

$\Leftrightarrow \forall xF(x) \land \neg \exists yG(y)$

$\Leftrightarrow \forall xF(x) \land \forall y \neg G(y)$

$\Leftrightarrow \forall x(F(x) \land \forall y \neg G(y))$

$\Leftrightarrow \forall x(\forall y(F(x) \land \neg G(y)))$

$\Leftrightarrow \forall x \forall y(F(x) \land \neg G(y))$.

注意:公式 $\forall x(F(x) \land \neg G(x))$ 与 $\forall x \forall y(F(x) \land \neg G(y))$ 是等值的.

(2) $\forall xF(x,y) \to \exists yG(x,y)$

$\Leftrightarrow \forall sF(s,y) \to \exists yG(x,y)$

$\Leftrightarrow \forall sF(s,y) \to \exists tG(x,t)$

$\Leftrightarrow \exists s(F(s,y) \to \exists tG(x,t))$

$\Leftrightarrow \exists s(\exists t(F(s,y) \to G(x,t)))$

$\Leftrightarrow \exists s \exists t(F(s,y) \to G(x,t))$.

(3) $(\forall xF(x,y) \to \exists yG(y)) \to \forall xH(x,y)$

$\Leftrightarrow (\forall xF(x,y) \to \exists zG(z)) \to \forall xH(x,y)$

$\Leftrightarrow (\forall xF(x,y) \to \exists zG(z)) \to \forall tH(t,y)$

$\Leftrightarrow \exists x(F(x,y) \to \exists zG(z)) \to \forall tH(t,y)$

$\Leftrightarrow \forall x((F(x,y) \to \exists zG(z)) \to \forall tH(t,y))$

$\Leftrightarrow \forall x(\exists z(F(x,y) \to G(z)) \to \forall tH(t,y))$

$\Leftrightarrow \forall x \forall z((F(x,y) \to G(z)) \to \forall tH(t,y))$

$\Leftrightarrow \forall x \forall z((F(x,y) \to G(z)) \to \forall tH(t,y))$

$\Leftrightarrow \forall x \forall z \forall t((F(x,y) \to G(z)) \to H(t,y))$.

公式的前束范式是不唯一的.

§3.4 谓词推理

谓词逻辑中的自然演绎推理是直接运用谓词逻辑中的推理规则由已知条件推出结论的过程.自然演绎推理更接近人们的思维习惯.数学定理的证明基本上都是采用自然演绎推理的方法进行推导的.

定义 3-13 若 $A_1 \land A_2 \land \cdots A_n \to B$ 是永真式,则称 B 是 $A_1, A_2, \cdots, A_n$ 的**逻辑结论**,记为

$$A_1 \land A_2 \land \cdots A_n \Rightarrow B.$$

通俗地说,若在任何解释下,只要 $A_1, A_2, \cdots, A_n$ 的为真就能推出 B 为真,则说从 $A_1, A_2, \cdots, A_n$ 的可逻辑推出 B.

3.4.1 谓词逻辑推理规则

谓词逻辑的推理规则包括以下内容:

(1)命题逻辑中的所有推理规则.例如:

$$\forall xF(x) \land \forall yG(y) \Rightarrow \forall xF(x);$$

$$\forall xF(x) \Rightarrow \forall xF(x) \lor \exists yG(y).$$

这两个推理为命题逻辑中化简规则和附加规则的代换实例.

(2)谓词逻辑中的等值代换,包括代换实例、变元换名、量词等值式(如 3.3 节介绍的量词变换等值式、量词的辖域收缩与扩张等值式、量词分配等值式和量词交换等值式)等.

(3)推理定律(本书中列出的重要的永真蕴涵式).

(4)全称量词消去规则(UI 规则,Universal Instantiation):

$$\forall xA(x) \Rightarrow A(y),$$

其中,y 是 $A(x)$中未出现过的自由变元;

$$\forall xA(x) \Rightarrow A(c),$$

其中,c 是 $A(x)$中未出现过的个体常项.

(5)全称量词引入规则(UG 规则,Universal Generalization):

$$A(y) \Rightarrow \forall xA(x),$$

其中,y 是 $A(y)$中的自由变元,y 取任何值时,$A(y)$均为真.取代 y 的 x 不是 $A(y)$中的约束变元.

(6)存在量词消去规则(EI 规则,Existential Instantiation):

$$\exists xA(x) \Rightarrow A(c),$$

其中,c 是 $A(x)$中未出现过的个体常项.

(7)存在量词引入规则(EG 规则,Existential Generalization):

$$A(c) \Rightarrow \exists x A(x),$$

其中,c 是 $A(x)$ 中未出现过的个体常项.

注意:这几个规则中的限制条件不能缺少.

例 3-17 用自然演绎推理证明下面的逻辑蕴涵关系.

(1)前提:$\forall x(F(x)\rightarrow G(x))$,$\exists x(F(x)\wedge H(x))$.

结论:$\exists x(G(x)\wedge H(x))$.

(2)前提:$\neg\exists x(F(x)\wedge H(x))$,$\forall x(G(x)\rightarrow H(x))$.

结论:$\forall x(G(x)\rightarrow\neg F(x))$.

证明

(1)① $\exists x(F(x)\wedge H(x))$ 前提引入规则

② $F(c)\wedge H(c)$ ①EI 规则

③ $F(c)$ ②化简规则

④ $H(c)$ ②化简规则

⑤ $\forall x(F(x)\rightarrow G(x))$ 前提引入规则

⑥ $F(c)\rightarrow G(c)$ ⑤UI 规则(取与②相同的 c)

⑦ $G(c)$ ③⑥假言推理规则

⑧ $G(c)\wedge H(c)$ ⑦④合取引入规则

⑨ $\exists x(G(x)\wedge H(x))$. ⑧EG 规则

(2)① $\neg\exists x(F(x)\wedge H(x))$ 前提引入规则

② $\forall x(\neg F(x)\vee\neg H(x))$ ①置换规则

③ $\forall x(H(x)\rightarrow\neg F(x))$ ②置换规则

④ $H(y)\rightarrow\neg F(y)$ ③UI 规则

⑤ $\forall x(G(x)\rightarrow H(x))$ 前提引入规则

⑥ $G(y)\rightarrow H(y)$ ⑤UI 规则

⑦ $G(y)\rightarrow\neg F(y)$ ④⑥假言三段论规则

⑧ $\forall x(G(x)\rightarrow\neg F(x))$ ⑦UG 规则

本题推理过程,注意以下几点:

(1)$\neg\exists x(F(x)\wedge H(x))$不是前束范式,不可以直接使用 EI 规则,需要先置换为前束范式 $\forall x(H(x)\rightarrow\neg F(x))$,对其使用 UI 规则.

(2)变为前束范式的所有公式都是全称量词,所以在使用 UI 规则的时候套用第一式,y 是 $A(x)$ 中未出现过的自由变元,此时不可以替换为常量 c,否则将无法使用 UG 规则.

3.4.2 谓词逻辑推理常见问题

(1)必须对辖域为整个公式的量词使用它们,不能对出现在公式中的量词使用它们.故在构造推理证明时,若要应用 EI 规则和 UI 规则消去量词,应首先将含量词公式化为前束范式.如下推理是错误的:

①$\forall xF(x)\to G(x)$　　前提引入

②$F(y)\to G(y)$　　①UI 规则

(2)在形式推理过程中,对前提中给出的公式的引用次序是有讲究的. EI 规则中得到的 c 一定满足 UI 规则中的条件,但反之不真.下面是例 3-17 中先引用 UI 规则,再引用 EI 规则,这种推理是错误的.

①$\forall x(F(x)\to G(x))$　　前提引入

②$F(c)\to G(c)$　　①UI 规则

③$\exists x(F(x)\land H(x))$　　前提引入

④$F(c)\land H(c)$　　③EI 规则

⑤$F(c)$　　④化简

⑥$G(c)$　　②⑤假言推理

⑦$H(c)$　　④化简

⑧$G(c)\land H(c)$　　⑥⑦合取

⑨$\exists x(G(x)\land H(x))$　　⑧EG 规则

(3)两次 EI 规则中得到的常量是不一定相同的.

①$\exists x(F(x)\land G(x))$　　前提引入

②$F(c)\land G(c)$　　①EI 规则

③$F(c)$　　②化简

④$\exists y(H(y)\land I(y))$　　前提引入

⑤$H(c)\land I(c)$　　④EI 规则

⑥$H(c)$　　⑤化简

⑦$F(c)\land H(c)$　　③⑥合取

⑧$\exists x(F(x)\land H(x))$　　⑦EG 规则

第一次 EI 规则得到的是 $F(c)\land G(c)$,而第二次 EI 规则应该表示为 $F(a)\land H(a)$ 且 $a\neq c$,因为不能保证两次 EI 规则都适用于同一个常量,所以推理错误.

3.4.3 谓词逻辑推理的应用

例 3-18 用自然演绎推理证明下面推论是正确的.

所有参赛选手都必须学习优秀并且是学生干部，有些参赛选手是党员，所以有些参赛选手是学习优秀的党员.

解　设 $F(x)$：x 是参赛选手. $G(x)$：x 学习优秀. $H(x)$：x 是学生干部. $R(x)$：x 是党员. 则上述推论可表示为：

前提：$\forall x(F(x)\to G(x)\land H(x))$，$\exists x(F(x)\land R(x))$

结论：$\exists x(F(x)\land R(x)\land G(x))$

演绎推理过程如下：

① $\exists x(F(x)\land R(x))$	前提引入规则
② $F(c)\land R(c)$	①EI 规则
③ $\forall x(F(x)\to G(x)\land H(x))$	前提引入规则
④ $F(c)\to G(c)\land H(c)$	③UI 规则（取与②相同的 c）
⑤ $F(c)$	②化简规则
⑥ $G(c)\land H(c)$	④⑤假言推理规则
⑦ $G(c)$	⑥化简
⑧ $F(c)\land R(c)\land G(c)$	②⑦合取引入规则
⑨ $\exists x(F(x)\land R(x)\land G(x))$	⑧EG 规则

小　结

一、本章主要知识点

(1)谓词逻辑概述；

(2)谓词公式；

(3)用谓词公式表示命题；

(4)谓词公式的解释；

(5)谓词公式的等值演算；

(6)谓词逻辑的自然演绎推理.

二、本章教学重点

(1)用谓词公式表示命题；

(2)谓词公式的等值演算；

(3)谓词逻辑的自然演绎推理.

三、本章教学难点

(1)带有量词的谓词公式表示；

(2)谓词逻辑推理规则的应用.

习　题

一、填空题

1. 5是有理数的个体词是________,谓词是________.

2. 张三与李四是老乡的个体词是________,谓词是________.

3. 并不是所有汽车都比火车跑得慢的个体词是______,谓词是______.

4. 8大于3的个体词是________,谓词是________.

5. 王浩去看电影的个体词是________,谓词是________.

6. 刘刚比张立聪明的个体词是________,谓词是________.

7. x与y是同学的个体词是________,谓词是________.

8. x与y具有关系L的个体词是________,谓词是________.

9. $\forall x(G(x)\rightarrow(\exists x\exists yF(x,y)\rightarrow\forall xG(x)))$的公式类型是________.

10. $\neg(\forall xF(x)\rightarrow\exists y(G(y))\wedge\exists yG(y))$的公式类型是________.

11. $\forall xP(x)\rightarrow\exists xP(x)$的公式类型是________.

12. $\forall x(F(x)\rightarrow H(x))$的公式类型是________.

13. $\exists x(G(x)\wedge F(x))$的公式类型是________.

14. $\forall x\exists yG(x,y)\rightarrow\exists x\forall yG(x,y)$的公式类型是________.

15. $\exists x(F(x)\wedge G(x))\rightarrow\forall yG(y)$的公式类型是________.

16. $(\forall xG(x)\wedge\forall yF(x,y))\rightarrow((\forall xG(x)\wedge\forall yF(x,y))\vee\exists zM(x,z))$的公式类型是________.

17. 给定解释I如下:

(1)个体域是全世界的人构成的集合;

(2)$F(x)$:x是美国人.$M(x)$:x是中国人.$H(x,y)$:x与y有相同的国籍.

下面的公式在解释I下的自然语言具体含义对应的真值为________(以客观事实为依据进行判断).

$$\forall x\forall y(F(x)\wedge M(y)\rightarrow H(x,y)).$$

18. 设某解释T为:个体域为$D=\{-2,3,6\}$,谓词$F(x)$:$x\leqslant 3$,$G(x)$:$x>5$,$R(x)$:$x\leqslant 7$.根据解释T,公式$\forall x(R(x)\rightarrow F(x))\vee G(5)$的真值为________.

19. 设某解释T为:个体域为$D=\{-2,0,2\}$,谓词$F(x)$:$x\leqslant -1$,$G(x)$:$x>5$,$R(x)$:$x\leqslant 3$.根据解释T,公式$\forall x(R(x)\rightarrow F(x))\vee G(5)$的真值为________.

20. 设某解释T为:个体域为$D=\{-2,0,2\}$,谓词$F(x)$:$x\leqslant -1$,$G(x)$:$x>5$,$R(x)$:$x\leqslant -5$.根据解释T,公式$\forall x(R(x)\rightarrow F(x))\vee G(4)$的真值为________.

21. 设某解释T为:个体域为$D=\{-2,0,2\}$,谓词$F(x)$:$x\leqslant -1$,$G(x)$:$x>5$,

$R(x)$:$x\leqslant 2$.根据解释 T,公式 $\forall x(R(x)\to F(x))\vee G(4)$ 的真值为________________.

22.设某解释 T 为:个体域为 $D=\{-2,0,2\}$,在谓词逻辑推理中,$F(c)\to G(c)\Rightarrow \exists x(F(x)\to G(x))$(其中 c 为个体常量)使用的规则为________________规则.

23.在谓词逻辑推理中,$\exists x(F(x)\to G(x))\Rightarrow F(c)\to G(c)$(其中 c 为个体常量)使用的规则为________________规则.

24.在谓词逻辑推理中,$\forall x(F(x)\to G(x))\Rightarrow F(c)\to G(c)$(其中 c 为个体常量)使用的规则为________________规则.

25.在谓词逻辑推理中,$F(y)\to G(y)\Rightarrow \forall x(F(x)\to G(x))$(其中 y 为自由变元)使用的规则为________________规则.

26.填写下列证明过程中的推理规则.

前提:$\forall x(P(x)\to G(x))$,$\exists x(P(x)\to R(x))$

结论:$\exists x(G(x)\wedge H(x))$

证明:① $\exists x(P(x)\to R(x))$ 前提引入规则

② $P(c)\to R(c)$ ________________

③ $\forall x(P(x)\wedge G(x))$ 前提引入规则

④ $P(c)\wedge G(c)$ ________________

⑤ $P(c)$ ________________

⑥ $\forall x(R(x)\to H(x))$ 前提引入规则

⑦ $R(c)\to H(c)$ ________________

⑧ $R(c)$ ________________

⑨ $H(c)$ ________________

⑩ $G(c)$ ________________

⑪ $G(c)\wedge H(c)$ ________________

⑫ $\exists x(G(x)\wedge H(x))$ ________________

二、选择题

1.设 $F(x)$:x 是汽车.$G(y)$:y 是火车.$H(x,y)$:x 比 y 慢.则语句“某些汽车比所有的火车慢”可表示为(　　).

A. $\exists x(F(x)\to \forall y(G(y)\wedge H(x,y)))$

B. $\exists x(F(x)\wedge \forall y(G(y)\to H(x,y)))$

C. $\forall x\exists y(F(x)\to (G(y)\wedge H(x,y)))$

D. $\forall x(F(x)\to \forall y(G(y)\to H(x,y)))$

2.设 $F(x)$:x 是汽车.$G(y)$:y 是火车.$H(x,y)$:x 比 y 慢.则语句“某些汽车比所有的火车慢,这句话是不对的”可表示为(　　).

A. $\neg\exists x(F(x)\rightarrow\forall y(G(y)\wedge H(x,y)))$

B. $\neg\exists x(F(x)\wedge\forall y(G(y)\rightarrow H(x,y)))$

C. $\neg\forall x\exists y(F(x)\rightarrow(G(y)\wedge H(x,y)))$

D. $\neg\forall x(F(x)\rightarrow\forall y(G(y)\rightarrow H(x,y)))$

3. 设 $F(x)$:x 是汽车. $G(y)$:y 是火车. $H(x,y)$:x 比 y 慢. 则语句"所有汽车比所有的火车慢"可表示为(　　).

A. $\exists x(F(x)\rightarrow\forall y(G(y)\wedge H(x,y)))$

B. $\exists x(F(x)\wedge\forall y(G(y)\rightarrow H(x,y)))$

C. $\forall x\exists y(F(x)\rightarrow(G(y)\wedge H(x,y)))$

D. $\forall x(F(x)\rightarrow\forall y(G(y)\rightarrow H(x,y)))$

4. 设 $F(x)$:x 是汽车. $G(y)$:y 是火车. $H(x,y)$:x 比 y 慢. 则语句"并非所有汽车比所有的火车慢"可表示为(　　).

A. $\neg\exists x(F(x)\rightarrow\forall y(G(y)\wedge H(x,y)))$

B. $\neg\exists x(F(x)\wedge\forall y(G(y)\rightarrow H(x,y)))$

C. $\neg\forall x\exists y(F(x)\rightarrow(G(y)\wedge H(x,y)))$

D. $\neg\forall x(F(x)\rightarrow\forall y(G(y)\rightarrow H(x,y)))$

5. 设 $F(x)$:x 是火车. $G(y)$:y 是汽车. $H(x,y)$:x 比 y 快. 则语句"有的火车比所有的汽车快"可表示为(　　).

A. $\exists x(F(x)\rightarrow\forall y(G(y)\wedge H(x,y)))$　　B. $\exists x(F(x)\wedge\forall y(G(y)\rightarrow H(x,y)))$

C. $\forall x\exists y(F(x)\rightarrow(G(y)\wedge H(x,y)))$　　D. $\forall x(F(x)\rightarrow\forall y(G(y)\rightarrow H(x,y)))$

6. 设 $F(x)$:x 是火车. $G(y)$:y 是汽车. $H(x,y)$:x 比 y 快. 则语句"有的火车不比有的汽车快"可表示为(　　).

A. $\neg\exists x(F(x)\rightarrow\forall y(G(y)\wedge H(x,y)))$

B. $\exists x(F(x)\wedge\exists y(G(y)\wedge\neg H(x,y)))$

C. $\neg\exists x(F(x)\wedge\exists y(G(y)\wedge H(x,y)))$

D. $\neg\forall x(F(x)\rightarrow\forall y(G(y)\rightarrow H(x,y)))$

7. 设 $F(x)$:x 是火车. $G(y)$:y 是汽车. $H(x,y)$:x 比 y 快. 则语句"有的火车比有的汽车快"可表示为(　　).

A. $\exists x(F(x)\rightarrow\exists y(G(y)\wedge H(x,y)))$

B. $\exists x(F(x)\wedge\exists y(G(y)\wedge H(x,y)))$

C. $\exists x\exists y(F(x)\rightarrow(G(y)\wedge H(x,y)))$

D. $\exists x(F(x)\rightarrow\exists y(G(y)\rightarrow H(x,y)))$

8. 设个体域为全总个体域,则可以将"所有水分子都含有氢原子"表示为谓词公式(　　). 其中,$P(x)$:x 是水分子. $Q(x)$:x 含有氢原子.

A. $\exists x(P(x)\to Q(x))$　　B. $\exists x(P(x)\wedge Q(x))$

C. $\forall x(P(x)\to Q(x))$　　D. $\forall x(P(x)\wedge Q(x))$

9. 设 $A(x)$：x 是人. $B(x)$：x 犯错误. 则命题“没有不犯错误的人.”符号化为(　　).

A. $\neg\exists x(A(x)\wedge\neg B(x))$　　B. $\neg\exists x(A(x)\wedge B(x))$

C. $\neg\exists x(A(x)\to\neg B(x))$　　D. $\forall x(A(x)\wedge B(x))$

10. 设 $F(x)$：x 是金属. $G(y)$：y 是液体. $H(x,y)$：x 可以溶解在 y 中. 则命题“并非任何金属可以溶解在任何液体中.”可符号化为(　　).

A. $\neg\exists x(F(x)\to\forall y(G(y)\wedge H(x,y)))$

B. $\neg\exists x(F(x)\wedge\forall y(G(y)\to H(x,y)))$

C. $\neg\forall x\exists y(F(x)\to(G(y)\wedge H(x,y)))$

D. $\neg\forall x(F(x)\to\forall y(G(y)\to H(x,y)))$

11. 设 $M(x)$：x 是人. $F(x)$：x 要睡觉. 则用谓词公式表达下述命题“所有的人都要睡觉.”，其中错误的表达式是(　　).

A. $\forall x(M(x)\to F(x))$　　B. $\neg\exists x(M(x)\wedge\neg F(x))$

C. $\exists x(M(x)\vee F(x))$　　D. $\forall x(\neg M(x)\vee F(x))$

12. 下面谓词公式不是闭公式的是(　　).

A. $\exists x\forall y(G(x,y)\to\forall zH(x,y,z))$　　B. $\forall x(F(x)\vee\exists y(G(x,y))$

C. $\forall x\forall y(R(x,y)\to\exists zL(y,z))$　　D. $\forall x(F(x)\to G(x,y))$

13. 下面谓词公式是闭公式的是(　　).

A. $\exists xP(x)\vee\forall yQ(x,y)$

B. $\forall x(F(x)\vee\exists yG(x,y))\to\exists zL(y,z)$

C. $\forall x\exists y(P(x,y)\to\exists zL(y,z))$

D. $\forall xF(x)\vee\exists yG(x,y)\vee\exists yR(y,z)$

14. 下面谓词公式不是闭公式的是(　　).

A. $\exists y\forall x(G(x,y)\to\forall zH(x,y,z))\wedge\exists xM(x)$

B. $\forall x(F(x)\to G(x,y))\leftrightarrow\forall yH(x,y)$

C. $\forall x(F(x)\vee\exists yG(x,y))\to\forall x\exists zM(x,z)$

D. $\forall x\forall y(R(x,y)\to\exists zL(y,z))\leftrightarrow\exists x\exists yH(x,y)$

15. 下面谓词公式不是闭公式的是(　　).

A. $\forall x\forall y(R(x,y)\to\exists zL(y,z))\wedge\exists xH(x,y)$

B. $\forall x(L(x,a)\vee\exists yG(x,y))\to\forall x\exists zM(x,z)\wedge H(a,b)$

C. $\forall x(F(x)\to\exists y(G(x,y))$

D. $\exists y\forall x(G(x,y)\to\forall zH(x,y,z))$

16. 谓词公式$\forall x(P(x) \vee \exists yR(y)) \to Q(x)$中的$x$是(　　).

A. 自由变元　　B. 约束变元

C. 既是自由变元又是约束变元　　D. 既不是自由变元又不是约束变元

17. 公式$(\exists x)(\forall y)(P(x,y) \wedge Q(z)) \to R(x)$中的$x$是(　　).

A. 自由变元　　B. 约束变元

C. 既是自由变元又是约束变元　　D. 既不是自由变元又不是约束变元

18. 公式$\forall xF(x) \vee \exists yG(x,y)$中的$y$是(　　).

A. 自由变元　　B. 约束变元

C. 既是自由变元又是约束变元　　D. 既不是自由变元又不是约束变元

19. 公式$\forall x \exists yP(x,y,z) \leftrightarrow (L(z) \wedge \forall xH(x,y))$中的$z$是(　　).

A. 自由变元　　B. 约束变元

C. 既是自由变元又是约束变元　　D. 既不是自由变元又不是约束变元

20. 公式$\forall xF(x) \vee \exists yG(x,y) \to \forall zQ(x,y,z)$中的$z$是(　　).

A. 自由变元　　B. 约束变元

C. 既是自由变元又是约束变元　　D. 既不是自由变元又不是约束变元

21. 谓词公式$\forall x(P(x) \vee \exists yR(y)) \to Q(x)$中$\forall x$的辖域是(　　).

A. $P(x)$　　B. $(P(x) \vee \exists yR(y)) \to Q(x)$

C. $P(x) \vee \exists yR(y)$　　D. $Q(x)$

22. 谓词公式$\forall x \exists yP(x,y,z) \leftrightarrow (L(z) \wedge \forall xH(x,y))$中$\exists y$的辖域是(　　).

A. $P(x,y,z)$　　B. $P(x,y,z) \leftrightarrow (L(z) \wedge \forall xH(x,y))$

C. $L(z)$　　D. $L(z) \wedge \forall xH(x,y)$

23. 谓词公式$\forall xF(x) \vee \exists yG(x,y) \to \forall zQ(x,y,z)$中$\forall x$的辖域是(　　).

A. $F(x) \vee \exists yG(x,y)$　　B. $F(x) \vee \exists yG(x,y) \to \forall zQ(x,y,z)$

C. $Q(x,y,z)$　　D. $F(x)$

24. 关于谓词公式$(\forall x)(\forall y)(P(x,y) \wedge Q(y,z)) \wedge (\exists x)P(x,y)$，下列描述中错误的是(　　).

A. $(\forall x)$的辖域是$(\forall y)(P(x,y) \wedge Q(y,z))$

B. z是该谓词公式的约束变元

C. $(\exists x)$的辖域是$P(x,y)$

D. x是该谓词公式的约束变元

25. 设I为一个任意的解释，在解释I下，下面一定是命题的是(　　).

A. $\forall xF(x,y) \to \exists yG(x,y)$

B. $\forall x(F(x) \to G(x)) \wedge \exists y(F(y) \wedge H(y))$

C. $\forall x(\forall yF(x,y)) \to \exists yG(x,y)$

D. $\forall x(F(x) \wedge G(x)) \wedge H(y)$

26. 给定解释 I 如下：

(1)个体域 D 是全世界的人构成的集合.

(2)$F(x)$：x 是美国人. $M(x)$：x 是中国人. $G(x,y)$：x 与 y 是同学. $H(x,y)$：x 与 y 有相同的国籍. $P(x)$：x 在美国加州大学读书.

(3)a：徐范明. b：珍妮.

下面的公式在解释 I 下的自然语言具体含义对应的真值为 1 的是(　　).(以客观事实为依据进行判断)

A. $\forall x \forall y(F(x) \wedge M(y) \rightarrow H(x,y))$　　B. $\forall x \forall y(F(x) \wedge F(y) \rightarrow \neg G(x,y))$

C. $P(a) \wedge P(b) \rightarrow G(a,b)$　　D. $\forall x(P(x) \rightarrow H(x,b))$

27. 已知公式 $\forall x \forall y(R(x,y,z) \rightarrow L(y,z)) \wedge \exists x H(x,y)$，用换名规则对公式的变元进行换名，以下选项错误的是(　　).

A. $\forall x \forall u(R(x,u,z) \rightarrow L(u,z)) \wedge \exists v H(v,y)$

B. $\forall v \forall u(R(v,u,z) \rightarrow L(u,z)) \wedge \exists x H(x,y)$

C. $\forall v \forall u(R(v,u,z) \rightarrow L(u,z)) \wedge \exists v H(v,y)$

D. $\forall x \forall y(R(x,y,z) \rightarrow L(y,z)) \wedge \exists u H(u,v)$

28. 已知公式 $\exists x(F(x) \wedge \forall y G(x,y,z)) \rightarrow \exists z H(x,y,z)$，用换名规则对公式的变元进行换名，使其中的约束变元和自由变元的符号互不相同，且每个约束变元只出现在一个量词的辖域内，以下选项正确的是(　　).

A. $\exists t(F(t) \wedge \forall y G(t,y,z)) \rightarrow \exists u H(t,y,u)$

B. $\exists u(F(u) \wedge \forall v G(u,v,z)) \rightarrow \exists t H(x,y,t)$

C. $\exists x(F(x) \wedge \forall y G(x,y,z)) \rightarrow \exists t H(w,y,t)$

D. $\exists t(F(t) \wedge \forall y G(x,y,z)) \rightarrow \exists u H(x,v,u)$

29. 已知公式 $\forall x \exists z P(x,z) \rightarrow \exists x R(y,x)$，用换名规则对公式的变元进行换名，使其中的约束变元和自由变元的符号互不相同，且每个约束变元只出现在一个量词的辖域内，以下选项错误的是(　　).

A. $\forall x \exists z P(x,z) \rightarrow \exists t R(y,t)$　　B. $\forall t \exists z P(t,z) \rightarrow \exists x R(y,x)$

C. $\forall t \exists y P(t,y) \rightarrow \exists x R(y,x)$　　D. $\forall t \exists z P(t,z) \rightarrow \exists v R(y,v)$

30. 已知公式 $\forall x \forall y(P(x,y) \vee Q(y,z)) \wedge \forall y G(x,y) \rightarrow \exists z F(x,y,z)$，用换名规则对公式的变元进行换名，使其中的约束变元和自由变元的符号互不相同，且每个约束变元只出现在一个量词的辖域内，以下选项正确的是(　　).

A. $\forall x \forall y(P(x,y) \vee Q(y,z)) \wedge \forall t G(x,t) \rightarrow \exists u F(v,w,u)$

B. $\forall x \forall y(P(x,y) \vee Q(y,z)) \wedge \forall t G(x,t) \rightarrow \exists v F(u,w,v)$

C. $\forall u \forall v(P(u,v) \vee Q(v,z)) \wedge \forall y G(x,y) \rightarrow \exists v F(x,y,v)$

D. $\forall u \forall v(P(u,v) \vee Q(v,z)) \wedge \forall t G(x,t) \rightarrow \exists w F(x,y,w)$

31. 设 B 是不含变元 x 的公式，则谓词公式 $\forall x(A(x)\to B)$ 等价于(　　).

A. $\exists xA(x)\to B$　　　　B. $\forall xA(x)\to B$

C. $A(x)\to B$　　　　D. $\forall xA(x)\to\forall xB$

32. 设 B 是不含变元 x 的公式，则谓词公式 $\exists x(B\to A(x))$ 等价于(　　).

A. $\exists xA(x)\to B$　　　　B. $B\to\exists xA(x)$

C. $B\to\forall xA(x)$　　　　D. $\exists xA(x)\to\exists xB$

33. 设 B 是不含变元 x 的公式，则谓词公式 $\forall x(B\wedge A(x))$ 等价于(　　).

A. $\exists xA(x)\wedge B$　　　　B. $B\wedge\exists xA(x)$

C. $B\wedge\forall xA(x)$　　　　D. $\forall xA(x)\vee B$

34. 下列等值式中不正确的是(　　).

A. $\neg\forall x(F(x)\to G(x))\Leftrightarrow\exists x\neg(\neg F(x)\vee G(x))$

B. $\neg\forall x(M(x)\wedge F(x))\Leftrightarrow\exists x(M(x)\to\neg F(x))$

C. $\forall x(A(x)\wedge B(x))\Leftrightarrow\forall xA(x)\wedge\forall xB(x)$

D. $\forall x\exists yA(x,y)\Leftrightarrow\exists y\forall xA(x,y)$

35. 下列等值式中正确的是(　　).

A. $\forall xA(x)\to B\Leftrightarrow\forall x(A(x)\to B)$

B. $\forall x(B\to A(x))\Leftrightarrow B\to\exists xA(x)$

C. $\exists x(A(x)\wedge B(x))\Leftrightarrow\exists xA(x)\wedge\exists xB(x)$

D. $\exists x(A\wedge B(x))\Leftrightarrow A\wedge\exists xB(x)$

三、判断题

1. 刘明是五好学生包括存在量词.　　(　　)

2. $\exists xF(y,z)\to\forall yG(z)$ 是谓词合式公式.　　(　　)

3. $\forall xG(x)\wedge\exists y\exists zF(y,z)\to\forall p(p\vee q)$ 是谓词合式公式.　　(　　)

4. 公式 $\forall x(F(x,y,z)\to\exists yG(x,y))$ 中的 y 是约束变元.　　(　　)

5. 一个含有自由变元的公式不能表示一个命题.　　(　　)

6. 谓词公式中，相邻的存在量词和全称量词不可以随意颠倒顺序.　　(　　)

7. 命题逻辑中的所有等值演算方法都可在谓词逻辑中使用.　　(　　)

8. 设个体域 $D=\{a,b,c\}$，$\exists x\forall y(F(x)\to G(y))$ 消去公式中的量词的结果是 $(F(a)\wedge F(b)\wedge F(c))\to(G(a)\wedge G(b)\wedge G(c))$.　　(　　)

9. 公式内部的量词可以随意使用量词的引入和消去规则.　　(　　)

10. EI 规则中得到的 c 一定满足 UI 规则中的条件，反之亦然.　　(　　)

四、综合题

1. 在谓词逻辑系统中将下列命题符号化.

(1)7 是奇数.

(2)3 大于 2.

(3)刘刚比张立聪明.

(4)小明是一个男歌手.

(5)若 6 大于 4 且 4 大于 2,则 6 大于 2.

2.下列各命题中是否包含量词,如果包含,请指出是全称量词还是存在量词.

(1)有理数是实数.

(2)刘鸣是五好学生.

(3)有人喜欢锻炼身体.

(4)发光的东西不一定是金子.

(5)星期一我去出差.

(6)不能被 2 整除的整数称为奇数.

(7)北京有外国人.

(8)有些实数能表示成分数.

3.在谓词逻辑系统中将下列命题符号.

(1)没有不需要吃饭的人.

(2)所有无理数都是实数.

(3)大牛与小马是同学.

(4)高山和刘水都是大学生.

(5)并不是所有的人都喜欢跳舞.

(6)所有火车都比某些汽车跑得快.

(7)对所有实数 x,若 x 不是偶数,则 x 不能被 2 整除.

(8)能被 2 整除的整数,称为偶数.

(9)有理数和无理数都是实数.

(10)李丽媛既喜欢学习又喜欢锻炼身体.

(11)刘明是五好学生.

(12)有人喜欢锻炼身体.

(13)北京有外国人.

4.求下列公式的前束范式.

(1)$\forall xF(x)\rightarrow\forall yG(x,y)$.

(2)$\exists x(\neg(\exists yF(x,y))\rightarrow(\exists zG(z)\rightarrow M(x)))$.

(3)$(\forall xF(x,y)\rightarrow\exists xG(x))\vee\forall xH(x,y)$.

(4)$\forall xM(x)\rightarrow\exists x(\forall zG(x,y,z)\vee\forall zH(x,y,z))$.

5.将下列命题符号化,要求符号化的公式全为前述范式.

(1)有的汽车比有的火车跑得快.

(2)有的火车比所有的汽车跑得快.

(3)说所有的火车比所有的汽车跑得快是不对的.

(4)说有的飞机比有的汽车慢是不对的.

6.设个体域 $D=\{a,b,c\}$,消去下列各式的量词.

(1) $\forall x\exists y(F(x)\wedge G(y))$.

(2) $\forall x\forall y(F(x)\vee G(y))$.

(3) $\forall xF(x)\rightarrow\forall yG(y)$.

7.在谓词逻辑系统中用自然演绎推理证明下列逻辑蕴涵关系.

(1)前提:$\forall x(M(x)\rightarrow G(x))$,$\exists x(M(x))$

结论:$\exists xG(x)$

(2)前提:$\forall x(\neg F(x)\rightarrow B(x))$,$\forall x\neg B(x)$

结论:$\exists xF(x)$

(3)前提:$\exists xQ(x)\rightarrow\forall y((Q(y)\vee G(y))\rightarrow R(y))$,$\exists xQ(x)$

结论:$\exists xR(x)$

(4)前提:$\forall x(F(x)\rightarrow(G(y)\wedge R(x)))$,$\exists xF(x)$

结论:$\exists x(F(x)\wedge R(x))$

(5)前提:$\forall x(W(x)\rightarrow G(x))$,$\forall x(R(x)\rightarrow\neg G(x))$

结论:$\forall x(R(x)\rightarrow\neg W(x))$

8.在谓词逻辑系统中用自然演绎推理证明下列推理是有效的.

(1)所有偶数都能被 2 整除,8 是偶数,所以 8 能被 2 整除.

(2)所有计算机系的学生都要学计算机组成原理,这些同学中有计算机系的学生和数学系的学生,所以这些同学中有些要学计算机组成原理.

(3)每个自然数不是奇数就是偶数;非负偶数都能被 2 整除;不是每个自然数都能被 2 整除,因此有的自然数是奇数.

(4)每个科学工作者都是刻苦钻研的人;每个刻苦钻研而又聪明的人在他的事业中都获得成功;张三是科学工作者,并且是个聪明人,所以张三在他的事业中将获得成功.

第4章 集 合 论

集合论是数学的一个基本的分支学科.集合论于19世纪和20世纪初发展起来,由德国数学家康托(1845—1918)做了大量的奠基工作.集合论包含了集合、元素和成员关系等最基本的数学概念,已渗透到数学的所有领域,是研究集合的数学理论.在大多数现代数学的公式化中,集合论提供了描述数学事物的语言.集合论和逻辑与一阶逻辑共同构成了数学的公理化基础.集合论在计算机科学中也具有十分广泛的应用.计算机科学领域中的大多数基本概念和理论几乎均采用集合论的有关术语来描述和论证,因此集合论成为计算机科学工作者必不可少的基础知识.另外,集合论可作为数学学科的通用语言,一切必要的数据结构都可以利用集合这个原始数据结构而构造出来.集合论有两个体系:朴素集合论和公理集合论,本书讨论的是朴素集合论.

§4.1 集合的表示和基本概念

4.1.1 集合与元素

集合是一个不能精确定义的概念,将具有某种性质的事物看成一个整体,就构成了一个集合.比如,某个班级的学生、机房中的所有计算机、自然数的全体、线段上的点等,都分别构成了一个**集合**,通常可以用大写字母 A,B,C,D 等来表示集合.集合中的事物可称为**元素**或者**成员**,通常用小写字母 a,b,x,y 等来表示.

如果 a 是集合 A 的一个元素,记为 $a\in A$,读作"a **属于** A";如果 a 不是集合 A 的一个元素,记为 $a\notin A$,读作"a **不属于** A".

某一元素 a,对一特定集合 A 而言,或者 a 属于 A,或者 a 不属于 A,两种情况只能是其中的一种,不可兼得.

4.1.2 集合的表示

表示一个集合的方法通常有以下几种.

1. 枚举法

这种方法是列出集合的所有元素,元素之间用逗号隔开,在最外面用花括号将所

有的元素括起来.例如:

$A=\{a,b,c,x,y,z\}$;

$B=\{1,2,3,4,5,\cdots,50\}$.

集合 A 由元素 a,b,c,x,y,z 组成;集合 B 代表 1~50 的整数集合.在能够清晰表示出集合元素的情况下,可以使用省略号.

2. 描述法

用集合中元素的性质描述集合.可以由文字进行描述,也可以由表达式进行描述.例如:

$C=\{x|x$ 是大学生$\}$;

$D=\{x|x$ 为偶数$,x>0\}$.

集合 C 代表所有大学生的集合,通常用一个字母 x 表示集合中的一般元素,竖线"|"可以读作"使得";集合 D 代表所有大于 0 的偶数 x 的集合,逗号","可以读作"而且".

以这样方式表示的常用集合符号有:

$\mathbf{N}=\{x|x$ 是正整数或 $0\}$,即 $\mathbf{N}$ 是自然数集.

$\mathbf{Z}=\{x|x$ 是整数$\}$,即 $\mathbf{Z}$ 是整数集.

$\mathbf{Q}=\{x|x$ 是有理数$\}$,即 $\mathbf{Q}$ 是有理数集.

$\mathbf{R}=\{x|x$ 是实数$\}$,即 $\mathbf{R}$ 是实数集.

不含任何元素的集合,称为**空集**,通常写成$\varnothing$;有时把讨论的所有元素归为一个集合,即**全集**,用字母 U 表示.

3. 图示法

集合与集合之间的关系以及一些运算结果可以用文氏图(Venn Diagram)给予直观的表示.一般用一个矩形代表全集 U,其他集合用位于矩形内的圆来表示,不同的圆代表不同的集合,运算结果一般用阴影部分或者斜线来表示,如图 4-1 所示.

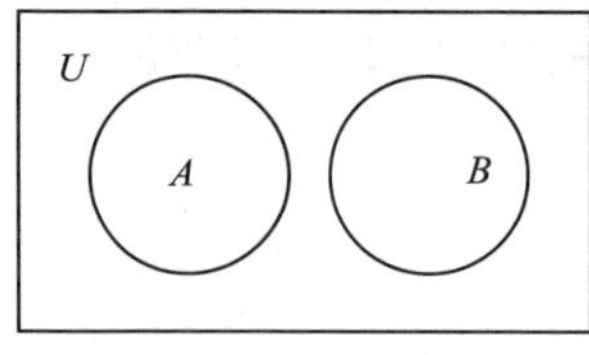

(a) A与B不相交

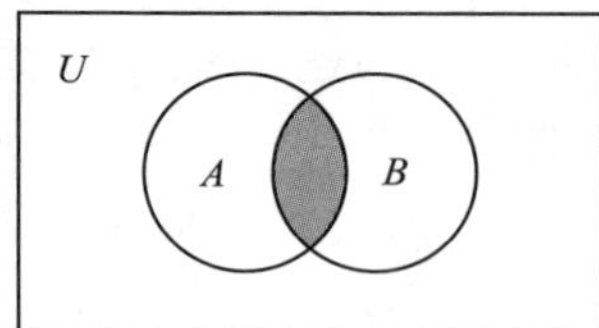

(b) A与B相交

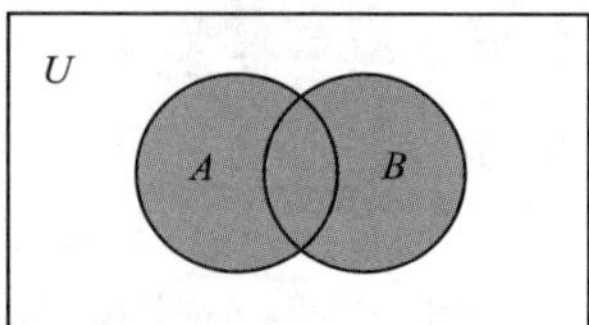

(c) A与B的并

图 4-1 文氏图

文氏图形象直观,有利于理解复杂的集合问题,有时为了简便,可以将代表全集的矩形框省略.

4.1.3　集合的基本概念

1. 集合和元素之间的关系

集合中的元素一定是彼此不同的，如果一个元素在同一集合内多次出现，则认为是同一元素. 例如，$\{a,a,b,c\}=\{a,b,c\}$.

集合中的元素没有先后顺序，例如，$\{a,b,c\}=\{c,b,a\}$.

元素与集合是一种隶属关系，即属于或者不属于，属于记为$\in$，不属于记为$\notin$. 例如，$A=\{1,\{2,3\},4\}$，这里 $1\in A$，$4\in A$，$\{2,3\}\in A$，但是 $2\notin A$，$3\notin A$.

任何集合都不可以作为它自己的元素，即对任何集合 A，都有 $A\notin A$.

2. 集合之间的关系

如果两个集合处于同一全集内，则可能有如下关系.

定义 4-1　设 A，B 为集合，如果 B 中的每个元素都是 A 中的元素，则称 B 是 A 的**子集**，也称 A **包含** B，或者 B **被** A **包含**，记为 $B\subseteq A$，可以读作 B 包含于 A. 如果集合 B 中至少有一个元素不是集合 A 中的元素，则称 B **不被** A **包含**，记为 $B\nsubseteq A$. 对于任意集合 A，有 $A\subseteq A$.

定义 4-2　设 A，B 为两个集合，如果 $A\subseteq B$ 且 $B\subseteq A$，则称 A 与 B **相等**，记为 $A=B$. 如果 A 与 B 不相等，则记为 $A\neq B$.

定义 4-3　设 A，B 为集合，如果 $B\subseteq A$ 且 $B\neq A$，则称 B 是 A 的**真子集**，记为 $B\subset A$，可以读作 B **真包含于** A.

定义 4-4　不含任何元素的集合称为**空集**，记为$\varnothing$.

定理 4-1　空集是任意集合的子集.

证明　假设存在集合 A，使得$\varnothing\not\subset A$，则必须要存在元素 x，使得 $x\in\varnothing$并且 $x\notin A$，但是空集是没有任何元素的，这与空集的定义矛盾.

推论 4-1　空集是唯一的.

证明　假设存在空集$\varnothing_1$ 和$\varnothing_2$，由定理 4-1 可知，$\varnothing_1\subseteq\varnothing_2$ 并且$\varnothing_2\subseteq\varnothing_1$，根据定义 4-2，有$\varnothing_1=\varnothing_2$.

定义 4-5　设 A 为集合，把 A 的全体子集构成的集合称为 A 的**幂集**，记为 $P(A)$，可以表示为 $P(A)=\{x|x\subseteq A\}$.

假设 $A=\{a,b,c\}$，A 的子集可以分为以下几类：

0 元子集，即元素个数为 0，有 1 个，$\varnothing$；

1 元子集，即元素个数为 1，有 3 个，分别是$\{a\}$，$\{b\}$，$\{c\}$；

2 元子集，即元素个数为 2，有 3 个，分别是$\{a,b\}$，$\{b,c\}$，$\{c,a\}$；

3 元子集，即元素个数为 3，有 1 个，$\{a,b,c\}$，就是 A 本身.

A 的幂集 $P(A)=\{\varnothing,\{a\},\{b\},\{c\},\{a,b\},\{b,c\},\{c,a\},\{a,b,c\}\}$.

一般来说,对于 n 元集合 A,它的 0 元子集有 C_n^0 个,1 元子集有 C_n^1 个,…,m 元子集有 C_n^m 个,n 元子集有 C_n^n 个. 所以,子集总数为 $C_n^0+C_n^1+\cdots+C_n^n=2^n$ 个.

如果集合 A 有 n 个元素,则集合 $P(A)$ 中有 2^n 个元素.

§4.2 集合的运算

对于给定的集合,可以通过集合的并、交、补等运算,产生新的集合.

定义 4-6 设 A,B 是任意两个集合,由所有属于 A 的元素和所有属于 B 的元素组成的集合,称为 A 和 B 的**并集**,记为 $A\cup B$,$\cup$ 为并运算符.

定义 4-7 设 A,B 是任意两个集合,由既属于 A 又属于 B 的元素组成的集合,称为 A 和 B 的**交集**,记为 $A\cap B$,$\cap$ 为交运算符.

定义 4-8 设 A,B 是任意两个集合,由属于 A 而不属于 B 的元素组成的集合,称为 B 对于 A 的**相对补集**,记为 $A-B$.

定义 4-9 设 A 是任意集合,A 对于全集 U 的相对补集,称为 A 的**绝对补集**,记为 $\sim A$.

例 4-1 设 A,B 是任意两个集合,求证 $A-B=A\cap(\sim B)$.

证明 $x\in A-B \Rightarrow x\in A\wedge x\notin B$

$\Rightarrow x\in A\wedge x\in(\sim B)$

$\Rightarrow x\in A\cap(\sim B)$,

有
$$A-B\subseteq A\cap(\sim B).$$

又 $x\in A\cap\sim B \Rightarrow x\in A\wedge x\in(\sim B)$

$\Rightarrow x\in A\wedge x\notin B$

$\Rightarrow x\in A-B$,

有
$$A\cap(\sim B)\subseteq A-B.$$

所以根据集合相等的定义,有
$$A-B=A\cap(\sim B).$$

如果有 n 个集合进行并运算或者交运算,可以记为

$$\bigcup_{i=1}^{n}A_i=A_1\cup A_2\cup\cdots\cup A_n=\{x\mid x\in A_1\vee x\in A_2\vee\cdots\vee x\in A_n\};$$

$$\bigcap_{i=1}^{n}A_i=A_1\cap A_2\cap\cdots\cap A_n=\{x\mid x\in A_1\wedge x\in A_2\wedge\cdots\wedge x\in A_n\}.$$

定义 4-10 设 A,B 为任意两个集合,由所有属于 A 或者属于 B,但是不同时属于 A 和 B 的元素组成的集合称为 A 与 B 的**对称差集合**,记为 $A\oplus B$. 符号化为
$$A\oplus B=(A-B)\cup(B-A)=(A\cup B)-(A\cap B).$$

例 4-2　设 $A=\{1,2,3,4\}$，$B=\{1,3,4,x,y,z\}$，求 $A\oplus B$.

解　$A\oplus B=(A-B)\cup(B-A)$

$=(\{1,2,3,4\}-\{1,3,4,x,y,z\})\cup(\{1,3,4,x,y,z\}-\{1,2,3,4\})$

$=\{2\}\cup\{x,y,z\}$

$=\{2,x,y,z\}$.

集合的各种运算也可以通过文氏图来表达，比如 $A\oplus B$，利用文氏图的表达如图 4-2所示.

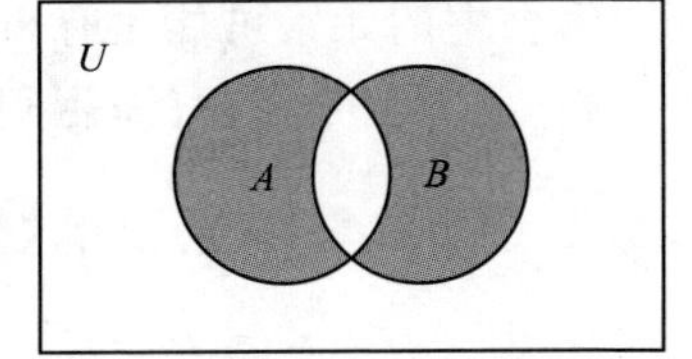

图 4-2　$A\oplus B$ 的文氏图表达

命题代数与集合代数两者都是特殊的布尔代数.因此，命题代数中的各种运算与集合论中的各种运算很相似.但是，命题逻辑或谓词逻辑与集合论是两个不同的范畴，比如，析取符号 $\vee$ 是表示两个命题关系的联结词，而集合的并运算符号 $\cup$ 是表示两个集合间的一种运算.下面介绍集合论中的一些等式，它们都有类似的命题等价式.

定理 4-2　假设 A，B，C 为任意集合，U 为全集，则以下公式成立.

(1)幂等律　$A\cap A=A$，$A\cup A=A$；

(2)结合律　$(A\cap B)\cap C=A\cap(B\cap C)$；

$(A\cup B)\cup C=A\cup(B\cup C)$；

(3)交换律　$A\cap B=B\cap A$，$A\cup B=B\cup A$；

(4)同一律　$A\cap U=A$，$A\cup\varnothing=A$；

(5)零律　$A\cap\varnothing=\varnothing$，$A\cup U=U$；

(6)分配律　$A\cap(B\cup C)=(A\cap B)\cup(A\cap C)$，

$A\cup(B\cap C)=(A\cup B)\cap(A\cup C)$；

(7)吸收律　$A\cup(B\cap A)=A$，$A\cap(B\cup A)=A$；

(8)双重否定律　$\sim(\sim A)=A$，

$\sim\varnothing=U$，

$\sim U=\varnothing$；

(9)排中律　$A\cup\sim A=U$；

(10)矛盾律　$A\cap\sim A=\varnothing$；

(11)德·摩根律　$A-(B\cup C)=(A-B)\cap(A-C)$，

$A-(B\cap C)=(A-B)\cup(A-C)$，

$\sim(A\cup B)=\sim A\cap\sim B$，

$\sim(A\cap B)=\sim A\cup\sim B$；

(12)补交转换律　$A-B=A\cap(\sim B)$.

§4.3 集合的计数

集合的计数在计算机科学中有着广泛的应用.在分析算法的复杂度过程中经常要对相关集合进行计数;在估算时间样本空间的规模及时间发生的概率时也需要对相关集合进行计数.

集合中的元素可能是有限的或者无穷的.如果一个集合中仅含有有限个相异的元素,则称该集合是**有限的**;否则称该集合是**无穷的**.空集$\varnothing$也是有限集合.

4.3.1 有限集中元素的数量

如果一个集合是有限的,则称该集合是**可数集合**;否则称该集合为**不可数集合**.下面讨论的是有限集合中元素的个数.

定义 4-11 集合 A 中元素的个数,称为集合 A 的**基数**,记为$|A|$或者 Card$A$.

例如:

如果集合 $A=\{1,2,3,x,y,z\}$,则$|A|=6$;

由所有单个英文字母组成的集合 A,$|A|=26$;

由定义 4-5 可知,如果集合 A 中有 n 个元素,则$|P(A)|=2^n$.

也可以从基数的角度定义有限集和无穷集:如果一个集合的基数是有限的,则称这个集合是**有限集**;如果一个集合的基数的无穷的,则称这个集合是**无穷集**.另外,规定空集的基数为 0,即$|\varnothing|=0$.

设 A,B 为有限集合,根据集合运算的定义,以下各式成立:

$$|A\cup B|\leqslant|A|+|B|;$$
$$|A\cap B|\leqslant\min(|A|,|B|);$$
$$|A-B|\geqslant|A|-|B|;$$
$$|A\oplus B|=|A|+|B|-2|A\cap B|.$$

以上公式可以通过画文氏图说明.

4.3.2 容斥原理

在讨论集合计数问题时,有一个重要的原理——容斥原理(the Principle of Inclusion-exclusion),是研究若干有限集合进行并运算和交运算的计数问题.

定义 4-12 **容斥原理**又称**包含排除原理**,指在计算有公共元素的多个有限集合的元素个数时,先累加各集合的基数,再减去重复计算的部分.

定理 4-3 设 A,B 是任意两个有限集合,则$|A\cup B|=|A|+|B|-|A\cap B|$.

证明 由于 $A\cup B=A\cup(B-A)$,且 A 和 $B-A$ 是不相交的,所以

$$|A\cup B|=|A|+|B-A|;$$

又由于 $B=(B-A)\cup(A\cap B)$，且 $B-A$ 和 $A\cap B$ 是不相交的，所以

$$\begin{aligned}|B|&=|(B-A)\cup(A\cap B)|\\&=|B-A|+|A\cap B|;\end{aligned}$$

于是

$$|B-A|=|B|-|A\cap B|;$$

由此得证

$$|A\cup B|=|A|+|B|-|A\cap B|.$$

例 4-3　设集合 $A=\{1,2,3,4,5\}$，$B=\{4,5,6\}$，求 $|A\cup B|$.

解　因为

$$\begin{aligned}A\cup B&=\{1,2,3,4,5\}\cup\{4,5,6\}\\&=\{1,2,3,4,5,6\},\end{aligned}$$

所以

$$|A\cup B|=6.$$

另外，可以通过容斥原理进行计算

$$\begin{aligned}|A\cup B|&=|\{1,2,3,4,5\}|+|\{4,5,6\}|-|\{1,2,3,4,5\}\cap\{4,5,6\}|\\&=5+3-2=6.\end{aligned}$$

再有，可以通过文氏图进行观察，得出结论，如图 4-3 所示.

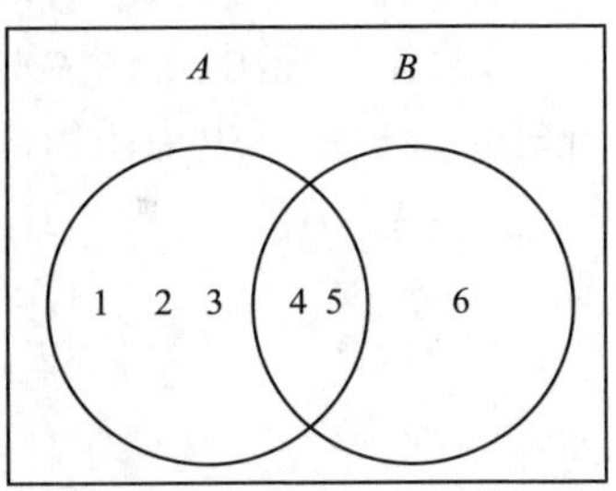

图 4-3　集合 $A\cup B$ 的文氏图

推论 4-2　设有限全集为 U，A 和 B 是任意有限集合，则

$$|\sim A\cap\sim B|=|U|-(|A|+|B|)+|A\cap B|.$$

证明　由于 $A\cap\sim B|=|\sim(A\cup B)|$，

所以

$$\begin{aligned}|\sim A\cap\sim B|&=|U-(A\cup B)|\\&=|U|-|A\cup B|\\&=|U|-(|A|+|B|-|A\cap B|)\\&=|U|-(|A|+|B|)+|A\cap B|.\end{aligned}$$

对于有三个集合的情况，同样有容斥定理结论.

定理 4-4　设 A,B,C 是任意三个有限集合，则

$$|A\cup B\cup C|=(|A|+|B|+|C|)-(|A\cap B|+|B\cap C|+|A\cap C|)+|A\cap B\cap C|.$$

推论 4-3　设 U 为有限全集，A,B,C 是三个任意有限集合，则

$$\begin{aligned}&|\sim A\cap\sim B\cap\sim C|\\&=|U|-(|A|+|B|+|C|)+(|A\cap B|+|B\cap C|+|A\cap C|)-|A\cap B\cap C|.\end{aligned}$$

以上证明从略.

例 4-4 有 200 名大学生，其中有 64 人选修了高等数学课程，有 94 人选修了计算机基础课程，有 58 人选修了大学外语课程，有 28 人同时选修了高等数学课程和大学外语课程，有 26 人同时选修了高等数学课程和计算机基础课程，有 22 人同时选修了计算机基础课程和大学外语课程，有 14 人同时选修了三门课程. 问题：

(1)三门课程都没有选修的学生有多少人？

(2)只选修了计算机基础一门课程的学生有多少人？

解 设 U 为所有 200 名大学生的全集，集合 A,B,C 分别代表选修高等数学、计算机基础、大学外语的学生，则三门课程都没有选修的学生集合为 $\sim A\cap\sim B\cap\sim C$，只选修了计算机基础课程的学生集合为 $\sim A\cap B\cap\sim C$.

(1)根据题意有 $|U|=200$，$|A|=64$，$|B|=94$，$|C|=58$，$|A\cap B|=26$，$|B\cap C|=22$，$|A\cap C|=28$，$|A\cap B\cap C|=14$. 利用推论 4-3 有

$$\begin{aligned}&|\sim A\cap\sim B\cap\sim C|\\&=|U|-(|A|+|B|+|C|)+(|A\cap B|+|B\cap C|+|A\cap C|)-|A\cap B\cap C|\\&=200-(64+94+58)+(26+22+28)-14\\&=46.\end{aligned}$$

即有 46 名学生三门课程都没有选修.

(2)作文氏图，如图 4-4 所示，可以看出只选修了计算机基础的学生为阴影部分.

$$\begin{aligned}|\sim A\cap B\cap\sim C|&=|B|-|A\cap B|-|B\cap C|+|A\cap B\cap C|\\&=94-26-22+14=60.\end{aligned}$$

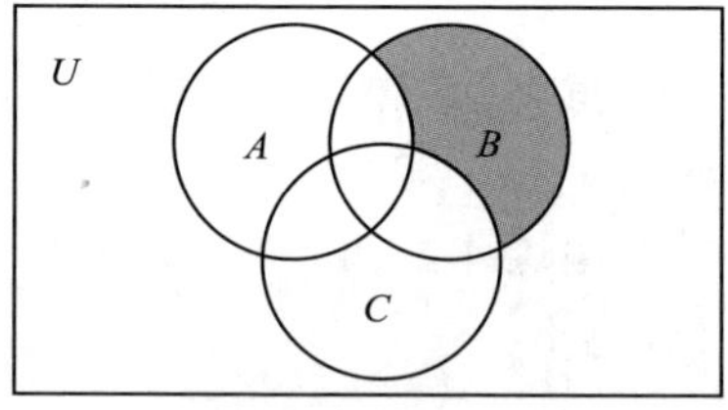

图 4-4 只选修了计算机基础的学生的集合

即有 60 名学生只选修了计算机基础课程.

将容斥原理扩展到有 n 个有限集合的情况.

定理 4-5 设 $A_1,A_2,\cdots,A_n$ 是任意 n 个有限集合，则

$$|A_1\cup A_2\cup\cdots\cup A_n|=\sum_{i=1}^{n}|A_i|-\sum_{1\leqslant i<j\leqslant n}|A_i\cap A_j|+\sum_{1\leqslant i<j\leqslant n}|A_i\cap A_j\cap A_k|-\cdots+(-1)^{n-1}|A_1\cap A_2\cap\cdots\cap A_n|.$$

推论 4-4 设 U 为有限全集，设 $A_1,A_2,\cdots,A_n$ 是任意 n 个有限集合，则

$$|\sim A_1\cap\sim A_2\cap\cdots\cap\sim A_n|=|S|-\sum_{i=1}^{n}|A_i|+\sum_{1\leqslant i<j\leqslant n}|A_i\cap A_j|-\sum_{1\leqslant i<j<k\leqslant n}|A_i\cap A_j\cap A_k|+\cdots+(-1)^{n}|A_1\cap A_2\cap\cdots\cap A_n|.$$

4.3.3 鸽笼原理

鸽笼原理(Pigeonhole Principle)又称抽屉原理. 在很多数学分支中有广泛的应用.

定理 4-6　(**鸽笼原理**)若有 $n+1$ 只鸽子住进 n 个鸽子笼,则至少有一个鸽子笼住进两只或者两只以上鸽子.

证明　可以使用反证法来证明.假设每个鸽笼最多住进一只鸽子,则 n 个鸽笼最多住进 n 只鸽子,这与有 $n+1$ 只鸽子矛盾,所以存在一个鸽笼最少住进两只鸽子.

鸽笼定义有很多种引申形式,适用于各种情况.

引申 1　如果把 $n+1$ 个对象放入 n 个盒子,那么至少有一个盒子里放入两个或两个以上对象.

引申 2　如果把 m 个对象放入 n 个盒子里,那么有一个盒子至少放入 $\lfloor(m-1)/n\rfloor+1$ 个对象($\lfloor(m-1)/n\rfloor$ 表示 $(m-1)$ 除以 n 的整数部分).

引申 3　如果把 $n(q-1)+1$ 个对象放入 n 个盒子里,那么至少有一个盒子放入 q 个或多于 q 个对象.

引申 4　如果 n 个自然数 $q_1,q_2,\cdots,q_n$ 的算术平均值 $(q_1+q_2+\cdots+q_n)/n$ 大于 $q-1$,那么 $q_1,q_2,\cdots,q_n$ 中至少有一个大于或等于 q.

例 4-5　从自然数 1～10 中任意选出 6 个不同的数字,其中必有两个数字的和为 11.

解　构造集合,每个集合包含 1～10 中的两个不同数字,和为 11,即 $A_1=\{1,10\}$, $A_2=\{2,9\}$, $A_3=\{3,8\}$, $A_4=\{4,7\}$, $A_5=\{5,6\}$,这样的集合有 5 个,即构造了 5 个"鸽笼",选出的 6 个数字看作"鸽子".因为只有 5 个"鸽笼",所以 6 个数字中一定有两个属于同一集合,那么这两个数字的和必为 11.

例 4-6　在边长为 2 的正方形内任意取 5 个点,其中一定有两个点的距离不超过 $\sqrt{2}$.

解　将边长为 2 的正方形看作 4 个边长为 1 的小正方形的集合,则 5 个点中最少有两个在同一个小正方形内,即距离不超过小正方形的对角线长度 $\sqrt{2}$.

小　结

一、本章主要知识点

(1)集合和元素的关系;

(2)集合的表示方法;

(3)集合的运算;

(4)集合的计数;

(5)容斥原理和鸽笼原理.

二、本章教学重点

(1)集合的各种表示方法;

(2)集合的运算及公式的运用;

(3)利用容斥原理求集合的计数.

三、本章教学难点

(1)集合的计算;

(2)利用鸽笼定理证明实际问题.

习 题

一、填空题

1. 如果集合 $A=\{1,2,3\}$,则 A 的子集的个数为____________.

2. 如果集合 $A=\{\{1,2\},3\}$,则 A 的非空真子集的个数为____________.

3. 如果集合 $A=\{\{1,2\},3\}$,则 A 的子集的个数为____________.

4. 如果集合 A 中有 n 个元素,则 A 的子集的个数为____________.

5. 如果集合 A 中有 n 个元素,则 A 的非空真子集的个数为____________.

6. 集合 $A=\{1,2,3\}$,则 $P(A)=$____________.

7. 集合 $A=\{1,\{2,3\}\}$,则 $P(A)=$____________.

8. 集合 $A=\{\{1\},\{2\}\}$,则 $P(A)=$____________.

9. 集合 $A=\{\varnothing\}$,则 $P(A)=$____________.

二、选择题

1. 如果集合 $A=\{a,b,c,d,e,f\}$,则 A 的子集的个数为( ).

A. 4 B. 6 C. 32 D. 64

2. 设集合 $A=\{\varnothing,\{\varnothing\}\}$,则 $|P(A)|$ 的值是( ).

A. 0 B. 2 C. 3 D. 4

3. 设集合 $A=\{a,b,c\}$,则 $|P(A)|$ 的值是( ).

A. 3 B. 6 C. 8 D. 9

4. 设集合 $A=\{a,\{b\},\{c,\{d\}\}\}$,则 $|P(A)|$ 的值是( ).

A. 3 B. 6 C. 8 D. 9

5. 设 $A=\{a,b,c,\{1,2\}\}$,$B=\{a,1,2\}$,则 $A\cup B=$( ).

A. $\{a,b,c,\{1,2\}\}$ B. $\{a,b,c,1,2\}$

C. $\{a,b,c,\{1,2\},1,2\}$ D. $\{a,b,c,\{\{1,2\},1,2\}\}$

6. 设 $A=\{1,2,3,4,5\}$,$B=\{1,2,4,8\}$,则 $A-B=$( ).

A. $\{3,5\}$ B. $\{8\}$ C. $\{3,5,8\}$ D. $\{1,2,4\}$

7. 设 $A=\{1,4,6,8,9\}$,$B=\{x|x$ 是小于 10 的正偶数$\}$,则 $A\oplus B=$( ).

A. $\{4,6,8\}$ B. $\{1,2,9\}$ C. $\{1,2\}$ D. $\{1,9\}$

8. 令 $A=\{1,2,3,4,5\}$,$B=\{1,2,4,8\}$,$C=\{1,2,3,5,7\}$,则 $(A\cup B)-C=$( ).

A. $\{1,2,3,4,5,7,8\}$　　B. $\{1,2,4\}$

C. $\{4,8\}$　　D. $\{3,5,8\}$

9. 设 $U=\{1,2,3,\cdots,10\}$，$A=\{1,2,3,4,5\}$，$B=\{1,2,4,8\}$，$C=\{1,2,3,5,7\}$，则 $(\sim C)\cap(A\cup B)=$(　　).

A. $\{1,2,3,4,5,7,8\}$　　B. $\{1,2,4\}$

C. $\{4,8\}$　　D. $\{3,5,8\}$

10. 设 $A=\{1,2,3,4,5\}$，$B=\{1,2,4,8\}$，$C=\{1,2,3,5,7\}$，则 $A-(B-C)=$(　　).

A. $\{3,5\}$　　B. $\{1,2,3,5\}$　　C. $\varnothing$　　D. $\{3,5,8\}$

三、判断题

1. 判断下列集合关系是否成立.

(1) $\varnothing\subseteq\varnothing$　(　　)

(2) $\varnothing\subseteq\{\varnothing\}$　(　　)

(3) $\varnothing\in\varnothing$　(　　)

(4) $\varnothing\in\{\varnothing\}$　(　　)

(5) $\varnothing\in P(\{\varnothing\})$　(　　)

(6) $\{\varnothing\}\in P(\{\varnothing\})$　(　　)

(7) $\varnothing\in P(\{\varnothing\})$　(　　)

(8) $\{\varnothing\}\in\{\varnothing,\{\{\varnothing\}\}\}$　(　　)

(9) $\{b\}\in\{\{b\},a\}$　(　　)

(10) $b\notin\{b,\{b\}\}$　(　　)

(11) $\varnothing\subseteq\{a,\{b\}\}$　(　　)

2. 判断下列各式是否成立.

① $A-B=A\cap(\sim B)$　(　　)

② $A\oplus B=(A-B)\cap(B-A)$　(　　)

③ $A\oplus B=(A\cap B)-(A\cup B)$　(　　)

④ $|A\cup B|=|A|+|B|$　(　　)

⑤ $|A\cup B|=|A|+|B|-|A\cap B|$　(　　)

⑥ $|A\oplus B|=|A|+|B|-|A\cap B|$　(　　)

⑦ $|B-A|=|B|-|A\cap B|$　(　　)

⑧ $|A\cap B|=|A|+|B|-|A\cup B|$　(　　)

3. 判断下列集合基数的计算是否正确.

①如果 $A=\{1,2,3,4,5\}$，$B=\{1,3,4\}$，则 $|A-B|=3$　(　　)

②如果 $A=\{1,2,3,4,5\}$，$B=\{2,4,5\}$，则 $|A\cup B|=8$　(　　)

③如果 $A=\{1,2,3,4,5,6,7\}$，$B=\{2,5,7,8\}$，则 $|A\oplus B|=5$　(　　)

④如果 $A=\{a,b,c,d,e\}$,$B=\{e,f,g\}$,则 $|A-B|=2$ ( )

⑤如果 $A=\{a,b,d,e\}$,$B=\{c,e,f,g\}$,则 $|A\cup B|=7$ ( )

⑥如果 $A=\{a,b,c\}$,$B=\{a,d,e,f,g\}$,则 $|B-A|=5$ ( )

⑦如果 $A=\{a,b,c\}$,$B=\{a,d,e,f,g\}$,则 $|B\oplus A|=5$ ( )

⑧如果 $A=\{a,b,c,d,e\}$,$B=\{e,f,g\}$,则 $|A\oplus B|=2$ ( )

4. 判断下列说法是否正确.

①空集不是一个集合 ( )

②空集是一切集合的子集 ( )

③集合本身可以作为自身的一个元素,即 $A\in A$ ( )

④集合的包含关系可以用"$\in$"表示 ( )

⑤如果有集合 $A=\{a,\{a\},b\}$,则有 $\{a\}\subseteq A$ 和 $\{a\}\in A$ ( )

5. 利用集合性质,判断以下等式是否正确.

①$(A-B)-C=(A-C)-(B-C)$ ( )

②$(A\cup B)\cup(B-A)=A\cup B$ ( )

③$(A-B)\cap(C-D)=(A\cap C)-(B\cup D)$ ( )

④$A-(B\cap C)=(A-B)\cap(A-C)$ ( )

⑤$A\cup(B-A)=A\cup B$ ( )

⑥$(A-B)\cup(A\cap B)=B$ ( )

⑦$A\cup(\sim A\cap B)=B$ ( )

四、综合题

1. 设 A, B 是集合, 已知 $|A|=5$, $|A\cap B|=3$, $|P(B)|=128$, 求 $|B|$, $|A\cup B|$, $|A\oplus B|$.

2. 设 A, B 是集合, 已知 $|A|=8$, $|B|=5$, $|A\cap B|=2$, 求 $|B-A|$, $|A-B|$, $|A\oplus B|$.

3. 设 A, B 是集合, 已知 $|A|=5$, $|A\cap B|=3$, $|A\cup B|=10$, 求 $|B|$, $|P(B)|$, $|A\oplus B|$.

4. 某班有学生 150 人,其中选学 C 语言的有 62 人,选学 Python 语言的有 58 人,选学 Java 语言的有 72 人;选学 C 语言和 Java 语言的有 24 人,三门语言都选学的有 10 人,仅仅选学 Java 语言的有 30 人,仅仅选学 Python 语言的有 14 人. 问:仅仅选学 C 语言的有多少人?

5. 证明:在边长为 3 的正三角形内有 10 个点,其中必有 2 个点的距离小于等于 1.

第5章 二元关系

在现实世界的各种关系中，二元关系是两个事物之间最基本的关系. 本章给出二元关系的定义，并研究二元关系的性质和相关运算.

§5.1 二元关系的基本概念

5.1.1 有序对与有序 *n* 元组

定义 5-1 由两个元素 x 和 y 组成的有序二元组称为一个**有序对**，简称**序对**，记为 $\langle x,y\rangle$. 其中，x 是 $\langle x,y\rangle$ 的第一元素，y 是 $\langle x,y\rangle$ 的第二元素，x 与 y 可以相同.

序对中的两个元素 x 和 y 是有次序的，若 $x\neq y$，则 $\langle x,y\rangle\neq\langle y,x\rangle$. 例如，$\langle 1,2\rangle\neq\langle 2,1\rangle$.

定义 5-2 由 n 个元素 $x_1,x_2,\cdots,x_n$ 组成的有序组称为**有序 n 元组**，记为 $\langle x_1,x_2,\cdots,x_n\rangle$.

例如，$\langle e,f,g\rangle$，$\langle 1,\langle c,d\rangle,e\rangle$ 都是有序三元组.

5.1.2 笛卡尔积

定义 5-3 设 A,B 是两个集合，令 $A\times B=\{\langle x,y\rangle\mid x\in A,y\in B\}$，则称 $A\times B$ 是 A 与 B 的**笛卡尔积**.

例如，令 $A=\{a,b\}$，$B=\{1,2,3\}$，则

$$A\times B=\{\langle a,1\rangle,\langle a,2\rangle,\langle a,3\rangle,\langle b,1\rangle,\langle b,2\rangle,\langle b,3\rangle\}.$$

$$A\times A=\{\langle a,a\rangle,\langle a,b\rangle,\langle b,a\rangle,\langle b,b\rangle\}.$$

笛卡尔积具有如下性质：

(1)不适合交换律，当 $A\neq B$，且 A,B 都是非空集时，$A\times B\neq B\times A$；

(2)不适合结合律，若 A,B,C 都是非空集合，则 $(A\times B)\times C\neq A\times(B\times C)$；

(3)适合下面四种分配率：

$$A\times(B\cup C)=(A\times B)\cup(A\times C);(B\cup C)\times A=(B\times A)\cup(C\times A);$$

$$A\times(B\cap C)=(A\times B)\cap(A\times C);(B\cap C)\times A=(B\times A)\cap(C\times A).$$

例 5-1 设集合 $A=\{a,b,c\}$，$B=\{x,y\}$，求 $A\times P(B)$.

解 $P(B)=\{\Phi,\{x\},\{y\},\{x,y\}\}$；

$$
\begin{aligned}
A\times P(B)&=\{a,b,c\}\times\{\Phi,\{x\},\{y\},\{x,y\}\}\\
&=\{\langle a,\Phi\rangle,\langle a,\{x\}\rangle,\langle a,\{y\}\rangle,\langle a,\{x,y\}\rangle,\langle b,\Phi\rangle,\langle b,\{x\}\rangle,\langle b,\{y\}\rangle,\\
&\quad\langle b,\{x,y\}\rangle,\langle c,\Phi\rangle,\langle c,\{x\}\rangle,\langle c,\{y\}\rangle,\langle c,\{x,y\}\rangle\}.
\end{aligned}
$$

定义 5-4 设 $A_1,A_2,\cdots,A_n$ 是 n 个集合，令

$$A_1\times A_2\times\cdots\times A_n=\{\langle x_1,x_2,\cdots,x_n\rangle \mid x_i\in A_i,1\leqslant i\leqslant n\},$$

则 $A_1\times A_2\times\cdots\times A_n$ 称为 n **重笛卡尔积**.

例 5-2 设集合 $A=\{1,2\},B=\{x\},C=\{u,v\}$，求 $A\times B\times C$.

解 $A\times B\times C=\{\langle 1,x,u\rangle,\langle 1,x,v\rangle,\langle 2,x,u\rangle,\langle 2,x,v\rangle\}$.

5.1.3 二元关系的定义

定义 5-5 若集合 R 中的元素都是有序对，则称 R 为一个**二元关系**，简称**关系**.

例如，集合$\{\langle 1,2\rangle,\langle a,b\rangle,\langle c,c\rangle,\langle d,c\rangle\}$是一个关系.

注意:空集也是一个关系，称为**空关系**.

定义 5-6 设 A,B 是两个集合，集合 $R\subseteq A\times B$，则称 R 是 A 到 B 的一个**二元关系**. 特别地，若 $R\subseteq A\times A$，则称 R 是 A 上的二元关系.

对于一个二元关系 R，若$\langle x,y\rangle\in R$，则可记为 xRy，读作"x 与 y 有关系 R".

例 5-3 设 $A=\{a,b,c\},B=\{1,2\}$，判断集合 $R=\{\langle a,2\rangle,\langle b,1\rangle\}$是否为 A 到 B 的一个二元关系.

解 $A\times B=\{a,b,c\}\times\{1,2\}=\{\langle a,1\rangle,\langle a,2\rangle,\langle b,1\rangle,\langle b,2\rangle,\langle c,1\rangle,\langle c,2\rangle\}$

$\supset\{\langle a,2\rangle,\langle b,1\rangle\}=R$.

因为满足 $R\subseteq A\times B$，所以 R 是 A 到 B 的一个二元关系.

例 5-4 写出三个集合 $A=\{a,b\}$上的二元关系.

解 集合 $R_1=\{\langle a,a\rangle\},R_2=\{\langle a,a\rangle,\langle a,b\rangle\},R_3=\{\langle a,a\rangle,\langle a,b\rangle,\langle b,a\rangle\}$都是 A 上的二元关系.

定义 5-7 设 A 是任意一个集合，则 $E_A=A\times A=\{\langle x,y\rangle \mid x\in A\wedge y\in A\}$为 A 上的**全域关系**；$I_A=\{\langle x,x\rangle \mid x\in A\}$为 A 上的**恒等关系**；$\varnothing$为 A 上的**空关系**.

例 5-5 设 $A=\{1,2\}$，写出 A 上的全域关系、恒等关系与整除关系.

解 全域关系 $E_A=A\times A=\{1,2\}\times\{1,2\}=\{\langle 1,1\rangle,\langle 1,2\rangle,\langle 2,1\rangle,\langle 2,2\rangle\}$；

恒等关系 $I_A=\{\langle 1,1\rangle,\langle 2,2\rangle\}$；

整除关系 $D_A=\{\langle x,y\rangle \mid x\in A\wedge y\in A\wedge x\mid y\}=\{\langle 1,1\rangle,\langle 2,2\rangle,\langle 1,2\rangle\}$.

5.1.4 二元关系的表示

关系除了可以通过集合的方式(如定义 5-1)表示外,还可以通过关系矩阵和关系图进行表示.

定义 5-8 设 $A=\{x_1,x_2,\cdots,x_n\}$,R 是 A 上的一个关系,则矩阵 $M(R)=(r_{ij})_{n\times n}$ 为 R 的关系矩阵,其中

$$r_{ij}\begin{cases}1, x_iRx_j \\ 0, \text{其他}\end{cases} \quad (i,j=1,2,\cdots,n).$$

例如,设 $A=\{1,2,3,4\}$,$R=\{\langle 1,2\rangle,\langle 2,3\rangle,\langle 2,4\rangle,\langle 3,3\rangle\}$,则 R 的关系矩阵为

$$\boldsymbol{M}(R)=(r_{ij})_{4\times 4}=\begin{pmatrix}0 & 1 & 0 & 0\\ 0 & 0 & 1 & 1\\ 0 & 0 & 1 & 0\\ 0 & 0 & 0 & 0\end{pmatrix}.$$

易知,集合 $A=\{x_1,x_2,\cdots,x_n\}$上的关系 R 的关系矩阵 $\boldsymbol{M}(R)$内的元素不是 0 就是 1,当矩阵第 i 行第 j 列元素为 1 时,则表示 R 中含有$\langle x_i,x_j\rangle$这个元素;如果为 0,则表示 R 中不含有该元素.

定义 5-9 设有集合 $A=\{x_1,x_2,\cdots,x_n\}$,如果 x_iRx_j,则以 A 中的元素 x_i 作为结点,并且画一条从 x_i 到 x_j 的有向边,所得到的图形称为 R 的**关系图**.

例 5-6 设 $A=\{1,2,3,4\}$,$R=\{\langle 1,2\rangle,\langle 3,3\rangle,\langle 3,4\rangle,\langle 3,2\rangle\}$,画出 R 的关系图.

解 R 的关系图如图 5-1 所示.

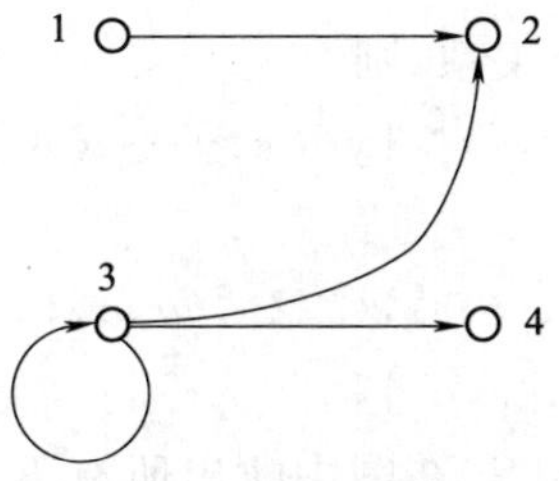

图 5-1 R 的关系图

§5.2 关系运算

对二元关系可以进行交、并、差、补、求逆、复合等运算.

5.2.1 关系的基本运算

定义 5-10 设 R 为二元关系,令:

$\mathrm{dom}R=\{x\mid \exists y(xRy)\}$,即由 R 中所有序对的第一元素构成的集合;

$\mathrm{ran}R=\{y\mid \exists x(xRy)\}$,即由 R 中所有序对的第二元素构成的集合;

$\mathrm{fld}R=\mathrm{dom}R\cup \mathrm{ran}R$,即由 R 中所有序对的第一元素和第二元素构成的集合,则称 $\mathrm{dom}R$ 为 R 的**定义域**;称 $\mathrm{ran}R$ 为 R 的**值域**;称 $\mathrm{fld}R$ 为 R 的**域**.

例 5-7 设 $R=\{\langle a,1\rangle,\langle a,2\rangle,\langle c,2\rangle,\langle b,1\rangle\}$,求 $\mathrm{dom}R$,$\mathrm{ran}R$ 和 $\mathrm{fld}R$.

解 $\mathrm{dom}\mathrm{R}=\{a,b,c\}$,$\mathrm{ran}R=\{1,2\}$,$\mathrm{fld}R=\mathrm{dom}R\cup \mathrm{ran}R=\{a,b,c,1,2\}$.

定义 5-11 设 R 是一个关系,A 是一个集合,则

$$R\uparrow A=\{\langle x,y\rangle\mid \langle x,y\rangle\in R\wedge x\in A\}$$

为 R 在 A 上的**限制**.

例 5-8 设 $R=\{\langle a,1\rangle,\langle b,1\rangle,\langle a,2\rangle,\langle c,3\rangle\}$,$A=\{a\}$,求 $R\uparrow A$.

解 $R\uparrow A=\{\langle a,1\rangle,\langle a,2\rangle\}$.

定义 5-12 设 R 是一个关系,A 是一个集合,则

$$R[A]=\mathrm{ran}(R\uparrow A)=\{y\mid \langle x,y\rangle\in R\wedge x\in A\}$$

为 A 在 R 下的**像**.

例 5-9 设 $R=\{\langle a,1\rangle,\langle b,1\rangle,\langle a,2\rangle,\langle c,3\rangle\}$,$A=\{a\}$,求 $R[A]$.

解 $R[A]=\mathrm{ran}\{\langle a,1\rangle,\langle a,2\rangle\}=\{1,2\}$.

定义 5-13 设 R 是一个关系,则 $R^{-1}=\{\langle x,y\rangle\mid \langle y,x\rangle\in R\}$ 为 R 的**逆关系**,简称为 R 的**逆**.

例如,关系 $R=\{\langle a,1\rangle,\langle c,2\rangle,\langle 1,1\rangle\}$ 的逆 $R^{-1}=\{\langle 1,a\rangle,\langle 2,c\rangle,\langle 1,1\rangle\}$.

定义 5-14 设 R,S 是两个关系,则

$$R\circ S=\{\langle x,z\rangle\mid \exists \mathrm{y}(\langle x,y\rangle\in R\wedge \langle y,z\rangle\in S)\}$$

称为 R 与 S 的**复合**.

例如,设 $R=\{\langle a,c\rangle,\langle b,1\rangle,\langle b,c\rangle,\langle c,2\rangle,\langle d,a\rangle\}$,

$S=\{\langle 2,1\rangle,\langle c,2\rangle,\langle c,a\rangle\}$,

则可以按图 5-2 的方法得出 $R\circ S$. 在图中找出所有 R 与 S 中能够首尾连接(相等)的两个有序对,如 $\langle a,c\rangle$ 和 $\langle c,2\rangle$,以两边元素 a 和 2(去掉中间相同的元素 c)构成有序对 $\langle a,2\rangle$ 作为 $R\circ S$ 内的一个元素.

例 5-10 设 $R=\{\langle a,1\rangle,\langle a,a\rangle,\langle c,3\rangle\}$,$S=\{\langle a,1\rangle,\langle 2,a\rangle,\langle c,3\rangle\}$,求 $R^{-1}\circ S$.

解
$$\begin{aligned}R^{-1}\circ S&=\{\langle 1,a\rangle,\langle a,a\rangle,\langle 3,c\rangle\}\circ S\\&=\{\langle 1,a\rangle,\langle a,a\rangle,\langle 3,c\rangle\}\circ\{\langle a,1\rangle,\langle 2,a\rangle,\langle c,3\rangle\}\\&=\{\langle 1,1\rangle,\langle a,1\rangle,\langle 3,3\rangle\}.\end{aligned}$$

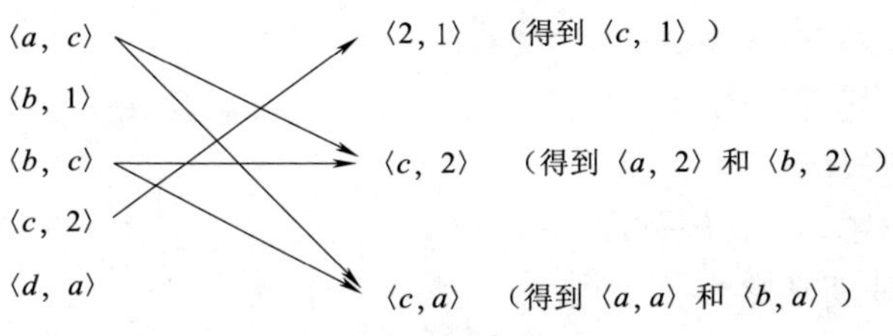

图 5-2　计算关系的复合

5.2.2　关系运算相关定理

定理 5-1　设 F,G 为任意两个关系，则：

(1) $\mathrm{dom}(F\cup G)=\mathrm{dom}(F)\cup\mathrm{dom}(G)$；

(2) $\mathrm{ran}(F\cup G)=\mathrm{ran}(F)\cup\mathrm{ran}(G)$；

(3) $\mathrm{dom}(F\cap G)=\mathrm{dom}(F)\cap\mathrm{dom}(G)$；

(4) $\mathrm{ran}(F\cap G)=\mathrm{ran}(F)\cap\mathrm{ran}(G)$；

(5) $\mathrm{dom}F-\mathrm{dom}G\subseteq\mathrm{dom}(F-G)$；

(6) $\mathrm{ran}F-\mathrm{ran}G\subseteq\mathrm{ran}(F-G)$.

证明

(1) $\forall x(x\in\mathrm{dom}(F\cup G))$

$\Leftrightarrow\exists y(\langle x,y\rangle\in F\cup G)$

$\Leftrightarrow\exists y(\langle x,y\rangle\in F\vee\langle x,y\rangle\in G)$

$\Leftrightarrow\exists y(\langle x,y\rangle\in F)\vee\exists y(\langle x,y\rangle\in G)$

$\Leftrightarrow x\in\mathrm{dom}F\vee x\in\mathrm{dom}G$

$\Leftrightarrow x\in(\mathrm{dom}F\cup\mathrm{dom}G)$，

因此，$\mathrm{dom}(F\cup G)=\mathrm{dom}(F)\cup\mathrm{dom}(G)$.

(4) $\forall y(y\in\mathrm{ran}(F\cap G))$

$\Leftrightarrow\exists x(\langle x,y\rangle\in F\cap G)$

$\Leftrightarrow\exists x(\langle x,y\rangle\in F\wedge\langle x,y\rangle\in G)$

$\Rightarrow\exists x(\langle x,y\rangle\in F)\wedge\exists x(\langle x,y\rangle\in G)$

$\Leftrightarrow\exists y(\langle x,y\rangle\in F)\vee\exists y(\langle x,y\rangle\in G)$

$\Leftrightarrow y\in\mathrm{ran}F\wedge y\in\mathrm{ran}G$

$\Leftrightarrow y\in(\mathrm{ran}F\wedge\mathrm{ran}G)$，

因此，$\mathrm{ran}(F\cap G)=\mathrm{ran}(F)\cap\mathrm{ran}(G)$.

(5) $\forall x(x\in(\mathrm{dom}F-\mathrm{dom}G))$

$\Leftrightarrow x\in\mathrm{dom}F\wedge x\notin\mathrm{dom}G$

$\Leftrightarrow \exists y(\langle x,y\rangle \in F) \land \forall z(\langle x,z\rangle \notin G)$

$\Rightarrow \exists y(\langle x,y\rangle \in (F-G))$

$\Leftrightarrow x \in \mathrm{dom}(F-G)$,

因此,$\mathrm{dom}F-\mathrm{dom}G \subseteq \mathrm{dom}(F-G)$.

(2)、(3)、(6)证明从略.

定理 5-2 设 F 为任意一个关系,则:

(1)$\mathrm{dom}F^{-1}=\mathrm{ran}F$;

(2)$\mathrm{ran}F^{-1}=\mathrm{dom}F$;

(3)$(F^{-1})^{-1}=F$,当 F 为关系时等号成立.

证明 (1) $\forall x(x \in \mathrm{dom}F^{-1})$

$\Leftrightarrow \forall y(\langle x,y\rangle \in F^{-1})$

$\Leftrightarrow \forall y(\langle y,x\rangle \in F)$

$\Leftrightarrow x \in \mathrm{ran}F$,

因此,$\mathrm{dom}F^{-1}=\mathrm{ran}F$.

(2)、(3)证明从略.

定理 5-3 设 F 为任意一个集合,则设 F,G,H 是任意的关系,则下面等式成立:

(1)$(F \circ G) \circ H=F \circ (G \circ H)$;

(2)$(F \circ G)^{-1}=G^{-1} \circ F^{-1}$;

(3)$F \circ (G \cup H)=(F \circ G) \cup (F \circ H)$;

(4)$F \circ (G \cap H) \subseteq (F \circ G) \cap (F \circ H)$;

(5)$(G \cup H) \circ F=(G \circ F) \cup (H \circ F)$;

(6)$(G \cap H) \circ F \subseteq (G \circ F) \cap (H \circ F)$.

证明 (1) $\forall \langle x,y\rangle(\langle x,y\rangle \in (F \circ G) \circ H)$

$\Leftrightarrow \exists z(\langle x,z\rangle \in H \land \langle z,y\rangle \in F \circ G)$

$\Leftrightarrow \exists z(\langle x,z\rangle \in H \land \exists t\langle z,t\rangle \in G \land \langle t,y\rangle F)$

$\Leftrightarrow \exists z \exists t(\langle x,z\rangle \in H \land (\langle z,t\rangle \in G \land \langle t,y\rangle \in F))$

$\Leftrightarrow \exists t(\exists z(\langle x,z\rangle \in H \land \langle z,t\rangle \in G \land \langle t,y\rangle \in F))$

$\Leftrightarrow \exists t(\langle x,t\rangle \in G \circ H \land \langle t,y\rangle \in F)$

$\Leftrightarrow \langle x,y\rangle \in F \circ (F \circ H)$,

因此$(F \circ G) \circ H=F \circ (G \circ H)$.

(3)$\langle x,y\rangle \in (F \circ G) \circ H \Leftrightarrow \exists v(\langle x,v\rangle \in (F \circ G) \land \langle v,y\rangle \in H)$

$\Leftrightarrow \exists v(\exists u(\langle x,u\rangle \in F \land \langle u,v\rangle \in G) \land \langle v,y\rangle \in H)$

$\Leftrightarrow \exists v \exists u((\langle x,u\rangle \in F \land \langle u,v\rangle \in G) \land \langle v,y\rangle \in H)$

$\Leftrightarrow \exists v \exists u(\langle x,u\rangle \in F \land \langle u,v\rangle \in G \land \langle v,y\rangle \in H)$

$\Leftrightarrow \exists v \exists u(\langle x,u\rangle \in F \wedge (\langle u,v\rangle \in G \wedge \langle v,y\rangle \in H))$

$\Leftrightarrow \exists u \exists v(\langle x,u\rangle \in F \wedge (\langle u,v\rangle \in G \wedge \langle v,y\rangle \in H))$

$\Leftrightarrow \exists u(\langle x,u\rangle \in F \wedge \exists v(\langle u,v\rangle \in G \wedge \langle v,y\rangle \in H))$

$\Leftrightarrow \exists u(\langle x,u\rangle \in F \wedge \langle u,y\rangle \in G \circ H)$

$\Leftrightarrow \langle x,y\rangle \in F \circ (G \circ H)$.

(2)、(4)、(5)、(6)证明从略.

定理 5-4　设 F,G 是任意两个关系,则下面等式成立:

$$(F \circ G)^{-1} = G^{-1} \circ F^{-1}.$$

证明　$\forall \langle x,y\rangle(\langle x,y\rangle \in (F \circ G)^{-1})$

$\Leftrightarrow \langle y,x\rangle F \circ G$

$\Leftrightarrow \exists z(\langle y,z\rangle \in G \wedge \langle z,x\rangle \in F)$

$\Leftrightarrow \exists z(\langle z,y\rangle \in G^{-1} \wedge \langle x,z\rangle \in F^{-1})$

$\Leftrightarrow \exists z(\langle x,z\rangle \in F^{-1} \wedge \langle z,y\rangle \in G^{-1})$

$\Leftrightarrow \langle x,y\rangle \in G^{-1} \circ F^{-1}$.

定理 5-5　设 R 是任意一个关系,A,B 是任意两个集合,则下面等式成立:

(1)$R \uparrow (A \cup B) = R \uparrow A \cup R \uparrow B$;

(2)$R \uparrow [A \cup B] = R[A] \cup R[B]$;

(3)$R \uparrow (A \cap B) = R \uparrow A \cap R \uparrow B$;

(4)$R[A \cap B] \subseteq R[A] \cap R[B]$.

证明　(1) $\forall \langle x,y\rangle(\langle x,y\rangle \in R \uparrow (A \cup B) \Leftrightarrow \langle x,y\rangle \in R \wedge x \in (A \cup B))$

$\Leftrightarrow \langle x,y\rangle \in R \wedge (x \in A \vee x \in B)$

$\Leftrightarrow (\langle x,y\rangle \in R \wedge x \in A) \vee (\langle x,y\rangle \in R \wedge x \in B)$

$\Leftrightarrow (\langle x,y\rangle \in R \uparrow A) \vee (\langle x,y\rangle \in R \uparrow B)$

$\Leftrightarrow \langle x,y\rangle \in R \uparrow A \cup R \uparrow B$,

因此,$R \uparrow (A \cup B) = R \uparrow A \cup R \uparrow B$.

(2)、(3)的证明从略.

(4)对于 $R[A \cap B]$中任意的 y,有

$y \in R[A \cap B] \Leftrightarrow \exists x(\langle x,y\rangle \in R \wedge x \in A \cap B)$

$\Leftrightarrow \exists x(\langle x,y\rangle \in R \wedge x \in A \wedge x \in B)$

$\Leftrightarrow \exists x((\langle x,y\rangle \in R \wedge x \in A) \wedge (\langle x,y\rangle \in R \wedge x \in B))$

$\Rightarrow \exists x((\langle x,y\rangle \in R \wedge x \in A) \wedge \exists x(\langle x,y\rangle \in R \wedge x \in B)$

$\Leftrightarrow y \in R[A] \wedge y \in R[B]$

$\Leftrightarrow y \in R[A] \cap R[B]$,

因此,$R[A \cap B] \subseteq R[A] \cap R[B]$.

定理 5-6 设 R 是集合 A 上的二元关系,m,n 是任意自然数,则下面等式成立:

(1)$R^0=\{\langle x,x\rangle \mid x\in A\}=I_A$;

(2)$R^{n+1}=R^n \circ R$,n 为正整数;

(3)$R^m \circ R^n=R^{m+n}$;

(4)$(R^m)^n=R^{m\cdot n}$;

(5)$R^n\subseteq A\times A$.

§5.3 关系的性质

在后续的讨论中,即使没有具体给出集合 A,也将任何一个二元关系 R 看成某集合 A 上的二元关系.

5.3.1 关系的基本性质

定义 5-15 设 A 为任意一个集合,$R\subseteq A\times A$.

(1)设 R 是 A 上的二元关系,若条件 $\forall x(x\in A\rightarrow\langle x,x\rangle\in R)$ 成立,则称 R 在 A 上是**自反**的.

例如,当 $A=\{a,b,c\}$,$R=\{\langle a,a\rangle,\langle a,b\rangle,\langle b,b\rangle,\langle c,c\rangle\}$ 时,R 在 A 上是自反的;而当 $B=\{a,b,c,d,e\}$,$R=\{\langle a,a\rangle,\langle a,b\rangle,\langle b,b\rangle,\langle c,c\rangle\}$ 时,R 在 B 上不是自反的,因为 R 中还缺少 $\langle d,d\rangle$ 和 $\langle e,e\rangle$.

(2)设 R 是 A 上的二元关系,若条件 $\forall x(x\in A\rightarrow\langle x,x\rangle\notin R)$ 成立,则称 R 在 A 上是**反自反**的.

例如,当 $A=\{a,b,c\}$,$R=\{\langle a,b\rangle,\langle b,c\rangle\}$ 时,R 在 A 上是反自反的;而当 $R=\{\langle a,a\rangle,\langle a,b\rangle,\langle b,c\rangle\}$ 不是反自反的,因为其中不能含有 $\langle a,a\rangle$.

(3)设 R 是 A 上的二元关系,若条件 $\forall x\forall y(\langle x,y\rangle\in R\rightarrow\langle y,x\rangle\in R)$ 成立,则称 R 在 A 上是**对称**的.

例如,当 $A=\{a,b,c\}$,$R=\{\langle a,b\rangle,\langle b,a\rangle,\langle a,a\rangle,\langle c,c\rangle\}$ 时,R 在 A 上是对称的;而当 $R=\{\langle a,a\rangle,\langle a,b\rangle\}$ 不是对称的,因为其中不含有与 $\langle a,b\rangle$ 对应的 $\langle b,a\rangle$.

(4)设 R 是 A 上的二元关系,若条件 $\forall x\forall y(\langle x,y\rangle\in R\wedge\langle y,x\rangle\in R\rightarrow x=y)$ 成立,则称 R 在 A 上是**反对称**的.

例如,当 $A=\{a,b,c\}$,$R=\{\langle a,b\rangle,\langle a,a\rangle,\langle c,c\rangle\}$ 时,R 在 A 上是反对称的,其中可以出现相同元素构成的有序对,如 $\langle a,a\rangle$;而当 $R=\{\langle b,a\rangle,\langle a,b\rangle,\langle b,b\rangle\}$ 不是反对称的,因为其中同时出现了与 $\langle a,b\rangle$ 相反的有序对 $\langle b,a\rangle$,反对称定义要求关系中不可以同时出现互反的两个有序对.

注意:存在既是对称也是反对称的关系.例如,类似 $R=\{\langle a,a\rangle,\langle c,c\rangle\}$ 这种关系,

其中只含有由相同元素构成的有序对的关系，R 既是对称的也是反对称的. 也存在既不是对称也不是反对称的关系. 例如，当 $A=\{a,b,c,d,e,f,g,h\}$，$R=\{\langle a,b\rangle,\langle b,a\rangle,\langle b,c\rangle\}$ 时，R 既不是对称的也不是反对称的.

(5)设 R 是 A 上的二元关系，若条件 $\forall x\forall y\forall z(\langle x,y\rangle\in R\wedge\langle y,z\rangle\in R\rightarrow\langle x,z\rangle\in R)$ 成立，则称 R 在 A 上是**传递**的.

对于 R 中出现的任何传递条件(例如 $\langle x,y\rangle$ 和 $\langle y,z\rangle$)，R 中都包含与之对应的传递结果(例如 $\langle x,z\rangle$)，则 R 就是传递的.

注意：如果 R 中没有出现任何传递条件，R 也是传递的.

而当对于 R 中出现的某个传递条件(例如 $\langle x,y\rangle$ 和 $\langle y,z\rangle$)，R 中不存在与之对应的传递结果(例如 $\langle x,z\rangle$)，则 R 就不是传递的.

例如，当 $A=\{a,b,c,d\}$，当 $R=\{\langle a,b\rangle,\langle b,c\rangle,\langle a,c\rangle,\langle a,a\rangle\}$ 时，R 是传递的. 因为 R 中同时含有传递条件 $\langle a,b\rangle$，$\langle b,c\rangle$ 和其对应的结果 $\langle a,c\rangle$，同时含有传递条件 $\langle a,a\rangle$，$\langle a,c\rangle$ 和其对应的结果 $\langle a,c\rangle$，同时含有传递条件 $\langle a,a\rangle$，$\langle a,b\rangle$ 和其对应的结果 $\langle a,b\rangle$.

当 $R=\{\langle a,b\rangle,\langle a,c\rangle,\langle d,d\rangle\}$ 时，因为 R 不含有任何传递条件，所以 R 也是传递的.

当 $R=\{\langle a,c\rangle,\langle c,d\rangle\}$ 时，因为 R 中含有传递条件 $\langle a,c\rangle$，$\langle c,d\rangle$，但没有传递结果 $\langle a,d\rangle$，所以 R 不是传递的.

5.3.2　性质的判断方法

性质的判断可以通过集合、矩阵和图三种手段实现.

1. 利用集合表示法判断关系性质

设 R 是 A 上的二元关系，则：

(1)R 在 A 上是自反的当且仅当 $I_A\subseteq R$；

(2)R 在 A 上是反自反的当且仅当 $R\cap I_A=\varnothing$；

(3)R 在 A 上是对称的当且仅当 $R=R^{-1}$；

(4)R 在 A 上是反对称的当且仅当 $R\cap R^{-1}\subseteq I_A$；

(5)R 在 A 上是传递的当且仅当 $R\circ R\subseteq R$.

例 5-11　设 $A=\{a,b,c\}$，$R=\{\langle a,a\rangle,\langle a,b\rangle,\langle b,c\rangle,\langle a,c\rangle\}$ 是 A 上的二元关系，判断关系 R 的性质.

解　$I_A=\{\langle a,a\rangle,\langle b,b\rangle,\langle c,c\rangle\}$.

因为 $I_A\not\subseteq R$，所以 R 不是自反的.

因为 $R\cap I_A=\{\langle a,a\rangle\}\neq\varnothing$，所以 R 不是反自反的.

因为 $R^{-1}=\{\langle a,a\rangle,\langle b,a\rangle,\langle c,b\rangle,\langle c,a\rangle\}$，$R\neq R^{-1}$，所以 R 不是对称的.

因为$R\cap R^{-1}=R\cap\{\langle a,a\rangle,\langle b,a\rangle,\langle c,b\rangle,\langle c,a\rangle\}=\{\langle a,a\rangle\}\subseteq I_A$,所以$R$是反对称的.

因为$R\circ R=\{\langle b,a\rangle,\langle c,a\rangle\}\subset R$,所以$R$是传递的.

2. 利用矩阵表示法判断关系性质

设R是A上的二元关系,$\boldsymbol{M}(R)$是R对应的关系矩阵,$\boldsymbol{M}(R\circ R)$是$R\circ R$对应的关系矩阵,则:

(1)R在A上是自反的当且仅当$\boldsymbol{M}(R)$主对角线的元素全为1;

(2)R在A上是反自反的当且仅当$\boldsymbol{M}(R)$主对角线的元素全为0;

(3)R在A上是对称的当且仅当$\boldsymbol{M}(R)$按主对角线对称;

(4)R在A上是反对称的当且仅当对$\boldsymbol{M}(R)$中任意的$r_{i,j}=1(i\neq j)$,有$r_{j,i}=0$;

(5)R在A上是传递的当且仅当对$\boldsymbol{M}(R\circ R)$中任意的$r_{i,j}=1$,$\boldsymbol{M}(R)$中有$r_{i,j}=1$;

例 5-12 设$A=\{a,b,c\}$,$R=\{\langle a,b\rangle,\langle b,c\rangle,\langle c,a\rangle\}$是$A$上的二元关系,判断关系$R$的性质.

解 $\boldsymbol{M}(R)=\begin{pmatrix}0&1&0\\0&0&1\\1&0&0\end{pmatrix}$;

$$\boldsymbol{M}(R\circ R)=\boldsymbol{M}(\{\langle a,c\rangle,\langle b,a\rangle,\langle c,b\rangle\})=\begin{pmatrix}0&0&1\\1&0&0\\0&1&0\end{pmatrix}.$$

因为$M(R)$主对角线都是0,所以R是反自反的.

因为$r_{1,2}=1,r_{2,1}=0;r_{2,3}=1,r_{3,2}=0;r_{3,1}=1,r_{1,3}=0$,所以$R$是反对称的.

因为$\boldsymbol{M}(R\circ R)$中的$r_{1,3}=1$,$\boldsymbol{M}(R)$中的$r_{3,1}=0$,所以R不是传递的.

3. 利用图表示法判断关系性质

设R是A上的二元关系,$G(R)$是R对应的关系图,则:

(1)R在A上是自反的当且仅当$G(R)$的每个顶点处有环;

(2)R在A上是反自反的当且仅当$G(R)$的每个顶点处无环;

(3)R在A上是对称的当且仅当$G(R)$中,任何两个顶点之间若有有向边,则必有这两个顶点上的两条方向相反的有向边;

(4)R在A上是反对称的当且仅当$G(R)$中,任何两个顶点之间若有有向边,一定不存在这两个顶点上的方向相反的有向边;

(5)R在A上是传递的当且仅当$G(R)$中,对于任意顶点x_i,x_j,x_k若有有向边$\langle x_i,x_j\rangle$,$\langle x_j,x_k\rangle$,则必有有向边$\langle x_i,x_k\rangle$.

例 5-13 设$A=\{a,b,c\}$,$R=\{\langle a,a\rangle,\langle b,b\rangle,\langle a,b\rangle,\langle b,a\rangle,\langle c,c\rangle\}$是$A$上的二元关系,判断关系$R$的性质.

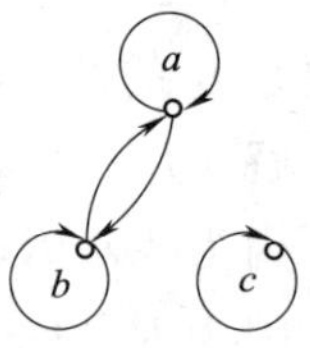

图 5-3 R的关系图

解 R的关系图如图 5-3 所示.

从关系图易知，R 是自反的、对称的和传递的.

5.3.3　关系运算与关系的性质

设 R,R_1,R_2 是集合 A 上的关系，则 $R^{-1},R_1\cap R_2,R_1\cup R_2$，$R_1\circ R_2$，$R_1-R_2$ 的性质可以由表 5-1 表示.

表 5-1　关系运算性质对比

关系运算	自反	反自反	对称	反对称	传递
R^{-1}	√	√	√	√	√
$R_1\cap R_2$	√	√	√	√	√
$R_1\cup R_2$	√	√	√	×	×
R_1-R_2	×	√	√	√	×
$R_1\circ R_2$	√	×	×	×	×

对于保持性质的运算不难给出一般的证明，对于不保持性质的运算都可以给出反例. 下面给出一个证明和两个反例，其余情况读者自己证明或举反例说明.

(1)设 R_1,R_2 都是 A 上的传递关系，证明 $R_1\cap R_2$ 也是 A 上的传递关系.

证明　对任意的 $x,y,z\in A$，若 $\langle x,y\rangle\in R_1\cap R_2$ 且 $\langle y,z\rangle\in R_1\cap R_2$，则有 $\langle x,y\rangle\in R_1$，$\langle x,y\rangle\in R_2$，$\langle y,z\rangle\in R_1$，$\langle y,z\rangle\in R_2$. 因为 R_1,R_2 都是传递的，由 $\langle x,y\rangle\in R_1$，$\langle y,z\rangle\in R_1$ 知，$\langle x,z\rangle\in R_1$；由 $\langle x,y\rangle\in R_2$，$\langle y,z\rangle\in R_2$ 知，$\langle x,z\rangle\in R_2$. 从而有 $\langle x,z\rangle\in R_1\cap R_2$，故 $R_1\cap R_2$ 是传递的.

(2)设 $R_1=\{\langle a,b\rangle\}$，$R_2=\{\langle b,a\rangle\}$，则 R_1 和 R_2 都是反对称的且是传递的，但 $R_1\cup R_2=\{\langle a,b\rangle,\langle b,a\rangle\}$ 不是反对称的，也不是传递的.

(3)令 $R_1=\{\langle a,b\rangle,\langle b,a\rangle\}$，$R_2=\{\langle b,c\rangle,\langle c,b\rangle,\langle a,b\rangle,\langle b,a\rangle\}$，则 R_1 和 R_2 都是反自反的且是对称的，但 $R_1\circ R_2=\{\langle a,c\rangle,\langle a,a\rangle,\langle b,b\rangle\}$ 不是反自反的，也不是对称的.

§5.4　关系的闭包

5.4.1　关系闭包的概念

定义 5-16　设 R 为非空集 A 上的二元关系，R 的自反闭包(对称闭包、传递闭包) R' 满足下面条件：

(1)R' 是自反的(对称的、传递的)；

(2)$R\subseteq R'$；

(3)对 A 上任意的自反的(对称的、传递的)关系 R''，若 $R\subseteq R''$，则 $R'\subseteq R''$.

通俗地讲，R 的自反闭包(对称闭包和传递闭包)就是包含 R 且自反的(对称的，传递的)所有可能关系中最小的那个. 通常将 R 的自反闭包、对称闭包和传递闭包表示成 $r(R)$，$s(R)$ 和 $t(R)$.

5.4.2 闭包运算方法

定理 5-7 设 R_1 和 R_2 是非空集 A 上的二元关系，且 $R_1\subseteq R_2$，则：

(1)$r(R_1)\subseteq r(R_2)$；

(2)$s(R_1)\subseteq s(R_2)$；

(3)$t(R_1)\subseteq t(R_2)$.

证明 (1) $\forall\langle x,y\rangle\in A\times A$ 是自反的，若$\langle x,y\rangle\in r(R_1)$，分两种情况讨论：

① $x=y$，这时必有

$$\langle x,y\rangle=\langle x,x\rangle\in r(R_2)；$$

②$x\neq y$，这时

$$\begin{aligned}&\langle x,y\rangle\in r(R_1)\\ \Rightarrow&\langle x,y\rangle\in R_1\\ \Rightarrow&\langle x,y\rangle\in R_2\\ \Rightarrow&\langle x,y\rangle\in r(R_2),\end{aligned}$$

因此，$r(R_1)\subseteq r(R_2)$.

(2) $\forall\langle x,y\rangle\in A\times A$，若$\langle x,y\rangle\in s(R_1)$，则$\langle x,y\rangle\in R_1$ 或$\langle x,y\rangle\notin R_1$，分别讨论：

①$\langle x,y\rangle\in R_1$

$\Rightarrow\langle x,y\rangle\in R_2$

$\Rightarrow\langle x,y\rangle\in s(R_2)$；

②$\langle x,y\rangle\notin R_1$

$\Rightarrow\langle y,x\rangle\in R_1$

$\Rightarrow\langle y,x\rangle\in R_2$

$\Rightarrow\langle x,y\rangle\in s(R_2)$(由 $s(R_2)$对称性得).

因此，$s(R_1)\subseteq s(R_2)$.

(3) $\forall\langle x,y\rangle\in A\times A$，若$\langle x,y\rangle\in t(R_1)$，分别两种情况讨论：

①$\langle x,y\rangle\in R_1$

$\Rightarrow\langle x,y\rangle\in R_2$

$\Rightarrow \langle x,y\rangle \in t(R_2)$；

②$\langle x,y\rangle \notin R_1$

$\Rightarrow \exists t_1 \exists t_2 \cdots \exists t_r(\langle x,t_1\rangle \in R_1 \wedge \langle t_1,t_2\rangle \in R_1 \wedge \cdots \langle t_r,y\rangle \in R_1)$

$\Rightarrow \exists t_1 \exists t_2 \cdots \exists t_r(\langle x,t_1\rangle \in R_2 \wedge \langle t_1,t_2\rangle \in R_2 \wedge \cdots \langle t_r,y\rangle \in R_2)$

$\Rightarrow \exists t_2 \cdots \exists t_r(\langle x,t_2\rangle \in t(R_2) \wedge \langle t_2,t_3\rangle \in R_2 \wedge \cdots \langle t_r,y\rangle \in R_2)$

$\Rightarrow \cdots$

$\Rightarrow \langle x,y\rangle \in t(R_2)$.

定理 5-8　设 R 是非空集 A 上的二元关系，则：

(1)$r(R)=R\cup I_A$；

(2)$s(R)=R\cup R^{-1}$；

(3)$t(R)=R\cup R^2\cup R^3\cup\cdots$.

证明　(1)易知 $R\cup I_A$ 是自反的.

$$\begin{aligned}&R\subseteq R\cup I_A\\ \Rightarrow\ &r(R)\subseteq r(R\cup I_A)\\ \Rightarrow\ &r(R)\subseteq R\cup I_A.\end{aligned}$$

又

$$\begin{aligned}&R\subseteq r(R)\wedge I_A\subseteq r(R)\\ \Rightarrow\ &R\cup I_A\subseteq r(R).\end{aligned}$$

因此 $r(R)=R\cup I_A$.

(2)首先证明 $R\cup R^{-1}$是对称的(请读者证明).

$$\begin{aligned}&R\subseteq R\cup R^{-1}\\ \Rightarrow\ &s(R)\subseteq s(R\cup R^{-1})\\ \Rightarrow\ &s(R)\subseteq R\cup R^{-1}.\end{aligned}$$

又

$$\begin{aligned}&R\subseteq s(R)\wedge R^{-1}\subseteq s(R)\\ \Rightarrow\ &R\cup R^{-1}\subseteq s(R).\end{aligned}$$

综上得，$s(R)=R\cup R^{-1}$.

(3)略.

例 5-14　设 $A=\{a,b,c,d\}$，$R=\{\langle a,b\rangle,\langle b,a\rangle,\langle b,c\rangle,\langle c,d\rangle\}$，求 $r(R)$，$s(R)$ 和$t(R)$.

解　$r(R)=R\cup I_A$

$=\{\langle a,b\rangle,\langle b,a\rangle,\langle b,c\rangle,\langle c,d\rangle\}\cup I_A$

$=\{\langle a,b\rangle,\langle b,a\rangle,\langle b,c\rangle,\langle c,d\rangle,\langle a,a\rangle,\langle b,b\rangle,\langle c,c\rangle,\langle d,d\rangle\}$；

$s(R)=R\cup R^{-1}$

$=\{\langle a,b\rangle,\langle b,a\rangle,\langle b,c\rangle,\langle c,d\rangle\}\cup\{\langle b,a\rangle,\langle a,b\rangle,\langle c,b\rangle,\langle d,c\rangle\}$

$=\{\langle a,b\rangle,\langle b,a\rangle,\langle b,c\rangle,\langle c,d\rangle,\langle c,b\rangle,\langle d,c\rangle\}$;

$R^2=R\circ R=\{\langle a,a\rangle,\langle b,b\rangle,\langle a,c\rangle,\langle b,d\rangle\}$;

$R^3=R^2\circ R=\{\langle a,b\rangle,\langle b,a\rangle,\langle b,c\rangle,\langle a,d\rangle\}$;

$R^4=R^3\circ R=\{\langle a,a\rangle,\langle b,b\rangle,\langle a,c\rangle,\langle b,d\rangle\}=R^2$;

$R^5=R^4\circ R=\{\langle a,b\rangle,\langle b,a\rangle,\langle b,c\rangle,\langle a,b\rangle\}=R^3$;

…

不难发现,

$$R^{2k}=R^2\,(k\in\mathbf{N});$$
$$R^{2k+1}=R^3\,(k\in\mathbf{N});$$

因此,$t(R)=R\cup R^2\cup R^3$

$=\{\langle a,b\rangle,\langle b,a\rangle,\langle b,c\rangle,\langle c,d\rangle,\langle a,a\rangle,\langle b,b\rangle,\langle a,c\rangle,\langle b,d\rangle,\langle a,d\rangle\}$.

二元关系的传递闭包也可以通过矩阵表示法进行计算,即 R 若是非空集合 A 上的二元关系,则

$$\begin{aligned}\boldsymbol{M}(t(R))&=\boldsymbol{M}(R)+\boldsymbol{M}(R^2)+\boldsymbol{M}(R^3)+\cdots\\&=\boldsymbol{M}(R)+\boldsymbol{M}^2(R)+\boldsymbol{M}^3(R)+\cdots.\end{aligned}$$

需要注意的是,此处矩阵计算加法时,对应元素是按逻辑加计算规则相加,即

$$0+0=0,0+1=1,1+0=1,1+1=1.$$

本例中,

$$\boldsymbol{M}(R)=\begin{pmatrix}0&1&0&0\\1&0&1&0\\0&0&0&1\\0&0&0&0\end{pmatrix};$$

$$\boldsymbol{M}^2(R)=\begin{pmatrix}0&1&0&0\\1&0&1&0\\0&0&0&1\\0&0&0&0\end{pmatrix}\times\begin{pmatrix}0&1&0&0\\1&0&1&0\\0&0&0&1\\0&0&0&0\end{pmatrix}=\begin{pmatrix}1&0&1&0\\0&1&0&1\\0&0&0&0\\0&0&0&0\end{pmatrix};$$

$$\boldsymbol{M}^3(R)=\boldsymbol{M}^2(R)\times\boldsymbol{M}(R)=\begin{pmatrix}1&0&1&0\\0&1&0&1\\0&0&0&0\\0&0&0&0\end{pmatrix}\times\begin{pmatrix}0&1&0&0\\1&0&1&0\\0&0&0&1\\0&0&0&0\end{pmatrix}=\begin{pmatrix}0&1&0&1\\1&0&1&0\\0&0&0&0\\0&0&0&0\end{pmatrix}.$$

而

$$\boldsymbol{M}^{2\mathrm{k}}(R)=\boldsymbol{M}^2(R)\,(k\in\mathbf{N});$$
$$\boldsymbol{M}^{2\mathrm{k}+1}(R)=\boldsymbol{M}^3(R)\,(k\in\mathbf{N}).$$

因此
$$\boldsymbol{M}(t(R))=\boldsymbol{M}(R)+\boldsymbol{M}^2(R)+\boldsymbol{M}^3(R)$$
$$=\begin{pmatrix}0&1&0&0\\1&0&1&0\\0&0&0&1\\0&0&0&0\end{pmatrix}+\begin{pmatrix}1&0&1&0\\0&1&0&1\\0&0&0&0\\0&0&0&0\end{pmatrix}+\begin{pmatrix}0&1&0&1\\1&0&1&0\\0&0&0&0\\0&0&0&0\end{pmatrix}$$
$$=\begin{pmatrix}1&1&1&1\\1&1&1&1\\0&0&0&1\\0&0&0&0\end{pmatrix}.$$

由 $\boldsymbol{M}(t(R))$ 容易得出其对应的集合表示式.

§5.5 等价关系

5.5.1 等价关系的概念

定义 5-17 设 R 是非空集 A 上的二元关系，若 R 是自反的、对称的和传递的，则称 R 为 A 上的**等价关系**.

给定等价关系 R，如果有 $\langle x,y\rangle\in R$，则称 x 与 y **等价**，记为 xRy，或记为 $x\sim y$.

例 5-15 设 A 为某企业员工的集合，试判断下面哪些是等价关系.

(1) $R_1=\{\langle x,y\rangle \mid x,y\in A\wedge x$ 与 y 年龄相同$\}$；

(2) $R_2=\{\langle x,y\rangle \mid x,y\in A\wedge x$ 与 y 同姓$\}$；

(3) $R_3=\{\langle x,y\rangle \mid x,y\in A\wedge x$ 的年龄不小于 $y\}$；

(4) $R_4=\{\langle x,y\rangle \mid x,y\in A\wedge x$ 与 y 具有相同的爱好$\}$；

(5) $R_5=\{\langle x,y\rangle \mid x,y\in A\wedge x$ 的工资高于 $y\}$.

解 易知 R_1 和 R_2 都具有自反、对称和传递性，因此 R_1 和 R_2 都是等价关系；R_3 无对称性，R_4 无传递性，R_5 既无自反性又无对称性，R_3，R_4 和 R_5 都不是等价关系.

5.5.2 等价类

定义 5-18 设 R 为非空集合 A 上的等价关系，$\forall x\in A$，令 $[x]_R=\{y \mid y\in A\wedge xRy\}$，则称 $[x]_R$ 为 x 的关于 R 的**等价类**，简称为 x 的**等价类**，简记为 $[x]$.

例 5-16 设 $A=\{1,2,3,4,5,8\}$，求 $R=\{\langle x,y\rangle \mid x,y\in A\wedge x\equiv y(\mathrm{mod}3)\}$ 的等价类，其中，$x\equiv y(\mathrm{mod}3)$ 表示 $x-y$ 可被 3 整除.

解 $[1]=[4]=\{1,4\}$；

$[2]=[5]=[8]=\{2,5,8\}$；

$[3]=\{3\}$.

定理 5-9 设 R 为非空集合 A 上的等价关系，对任意的 $x,y\in A$，下面等式成立：

(1) $[x]\neq\varnothing$ 且 $[x]\subseteq A$；

(2) 若 $\langle x,y\rangle\in R$，则 $[x]=[y]$；

(3) 若 $\langle x,y\rangle\notin R$，则 $[x]\cap[y]=\varnothing$；

(4) $\bigcup\{[x]\mid x\in A\}=A$.

证明 (1) 由 R 的自反性，易知 $x\in[x]$，因此 $[x]\neq\varnothing$.

(2) 已知 $\langle x,y\rangle\in R\Leftrightarrow xRy$，$\forall z$，

$z\in[x]\wedge xRy$

$\Rightarrow xRz\wedge xRy$

$\Rightarrow zRx\wedge xRy$

$\Rightarrow zRy$

$\Rightarrow z\in[y]$.

因此，$[x]\subseteq[y]$，同理可证 $[y]\subseteq[x]$，所以 $[x]=[y]$.

(3) 反证法.

已知 $\langle x,y\rangle\notin R$，若 $[x]\cap[y]\neq\varnothing$，则

$\langle x,y\rangle\notin R\wedge[x]\cap[y]\neq\varnothing$

$\Leftrightarrow\langle x,y\rangle\notin R\wedge\exists z(z\in[x]\wedge z\in[y])$

$\Leftrightarrow\langle x,y\rangle\notin R\wedge\exists z(\langle x,z\rangle\in R\wedge\langle y,z\rangle\in R)$

$\Leftrightarrow\langle x,y\rangle\notin R\wedge\exists z(\langle x,z\rangle\in R\wedge\langle z,y\rangle\in R)$

$\Leftrightarrow\langle x,y\rangle\notin R\wedge\langle x,y\rangle\in R$.

出现矛盾，因此 $\langle x,y\rangle\notin R$ 时，$[x]\cap[y]=\varnothing$.

(4) $\forall y(y\in\bigcup\{[x]\mid x\in A\})$

$\Rightarrow\exists z(z\in A\wedge y\in[z])$

$\Rightarrow y\in A$.

因此 $$\bigcup\{[x]\mid x\in A\}\subseteq A.$$

$$\forall y(y\in A\Rightarrow y\in[y]\subseteq\bigcup\{[x]\mid x\in A\}),$$

所以 $$A\subseteq\bigcup\{[x]\mid x\in A\}.$$

即 $$\bigcup\{[x]\mid x\in A\}=A.$$

5.5.3 集合的划分

定义 5-19 设 A 是一个非空集合，如果存在一个 A 的子集族 $\pi\subseteq P(A)$，满足以下条件：

(1)$\varnothing \notin \pi$;

(2)π 中的元素两两不相交;

(3)π 中的所有元素的并集等于 A,即 $\bigcup \pi = A$.

则称 π 为 A 的一个**划分**,且称 π 中的元素为 A 的**划分块**.

例 5-17 设 $A=\{a,b,c,d\}$,给定 A 的五个子集族如下:

$\pi_1=\{\{a,b,c\},\{d\}\}$;

$\pi_2=\{\{a,b\},\{c\},\{d\}\}$;

$\pi_3=\{\{a\},\{a,b,c,d\}\}$;

$\pi_4=\{\{a,b\},\{c\}\}$;

$\pi_5=\{\varnothing,\{a,b\},\{c,d\}\}$.

问哪些子集族是 A 的划分?

解 π_1 和 π_2 是 A 的划分;π_3,π_4,π_5 都不是 A 的划分,因为 π_3 中有两个元素相交,即 $\{a\}\cap\{a,b,c,d\}=\{a\}\neq\varnothing$, $\bigcup\pi_4=\{a,b\}\cup\{c\}=\{a,b,c\}\neq A$, $\varnothing\in\pi_5$.

定义 5-20 设 R 是非空集合 A 上的等价关系,令 $\pi=\{[x]_R \mid x\in A\}$,易知其是 A 的一个划分,这个划分 $\{[x]_R \mid x\in A\}$ 称为**由等价关系 R 导出的划分**.

由任何非空集合上的每一个等价关系都可导出该集合的一个划分,在例 5-16 中,$\{[1],[2],[3]\}=\{\{1,4\},\{2,5,8\},\{3\}\}$ 是 $A=\{1,2,3,4,5,8\}$ 的一个划分,子集族 $\{\{1,4\},\{2,5,8\},\{3\}\}$ 是由等价关系 R 导出的划分.

反过来,由任何非空集合上的一个划分也可以导出该集合上的等价关系. 例如,已知 $\pi=\{A_1,A_2,\cdots,A_n\}$ 是非空集合 A 上的一个划分,则由 π 导出的等价关系为

$$R=\{A_1\times A_1\}\cup\{A_2\times A_2\}\cup\cdots\cup\{A_n\times A_n\}.$$

§5.6 偏序关系

5.6.1 偏序关系的概念

定义 5-21 设 R 是 A 上的二元关系,若 R 是自反的、反对称的和传递的,则称 R 为 A 上的**偏序关系**,简称**偏序**. 常用记号 $\preccurlyeq$ 来表示偏序关系. 若 $\langle x,y\rangle\in\preccurlyeq$,则记为 $x\preccurlyeq y$,读作"x 小于等于 y"(或"y 大于等于 x").

注意:式子 $x\preccurlyeq y$ 中符号 $\preccurlyeq$ 的意义并不是表面上的"小于等于",而是代表具体意义下的前后顺序关系. 例如,在整除偏序关系中,$x\preccurlyeq y$ 表示前面 x 能被后面的 y 整除;在包含偏序关系中,$x\preccurlyeq y$ 表示前面 x 包含于后面的 y;在大于等于偏序关系中,$x\preccurlyeq y$ 表示前面 x 大于等于后面的 y.

定义 5-22 称一个非空集合 A 和 A 上的一个偏序关系 $\preccurlyeq$ 组成的有序二元组 $\langle A,$

$\leqslant\rangle$为一个**偏序集**.

例如,整数集 **Z** 和 **Z** 上的整除偏序关系$\leqslant$可以构成一个偏序集,即$\langle \mathbf{Z},\leqslant\rangle$.

定义 5-23 设$\langle A,\leqslant\rangle$为一个偏序集,若对于$\forall x,y\in A$,如果 $x\leqslant y$ 或 $y\leqslant x$,则称 x 和 y 是**可比**的.若 x 和 y 是可比的,且 $x\prec y$(即 $x\leqslant y\wedge x\neq y$),但不存在 $z\in A$,使得 $x\prec z\prec y$,则称 y 是 x 的**覆盖**.

例如,由整数和整除偏序关系构成的偏序集中,符合偏序关系的两个元素是可比的,如 2 和 4 是可比的(因为 2 能整除 4,即 $2\leqslant 4$ 成立),3 和 5 是不可比的(因为 3 不能整除 5,即 $3\leqslant 5$ 不成立). 4 覆盖 2,而虽然 $2\leqslant 8$ 成立,但是 8 没有覆盖 2(因为存在中间的元素 4,使得 $2\leqslant 4\leqslant 8$).

5.6.2 哈斯图

哈斯图是偏序关系的一种简化形式的图表示法.设$\langle A,R\rangle$是一个偏序集,其对应哈斯图的具体画法如下：

(1)用顶点表示 A 中的元素；

(2)关系的自反性不在图中表示出来,即省去每个顶点处的自反环；

(3)如果 y 覆盖 x,则将 y 放置到 x 的上方,并在 x 与 y 之间连线,省略方向箭头；若 $x\prec y$ 且 y 没有覆盖 x,则 x 与 y 之间不连线.

例 5-18 设 $A=\{1,2,3,4,5,6,7,8\}$,R 是 A 上的整除关系,画出哈斯图.

解 哈斯图如图 5-4 所示.

例 5-19 设 $A=\{a,b,c\}$,R 是 $P(A)$上的集合包含关系,画出偏序关系 R 的哈斯图.

解 哈斯图如图 5-5 所示.

例 5-20 设 $R=\{\langle u,u\rangle,\langle w,w\rangle,\langle y,y\rangle,\langle x,x\rangle,\langle u,w\rangle,\langle u,y\rangle,\langle u,x\rangle,\langle w,y\rangle\}$,画出偏序关系 R 的哈斯图.

解 哈斯图如图 5-6 所示.虽然存在关系对$\langle u,y\rangle$,但是因为 y 不是 u 的覆盖,所以省去 y 与 u 直接的连线.

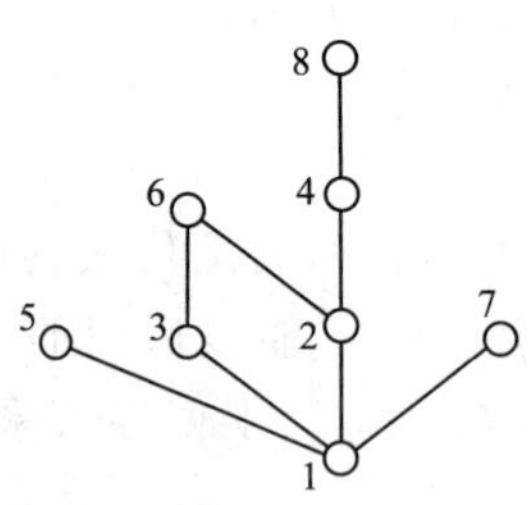

图 5-4 例 5-18 的哈斯图

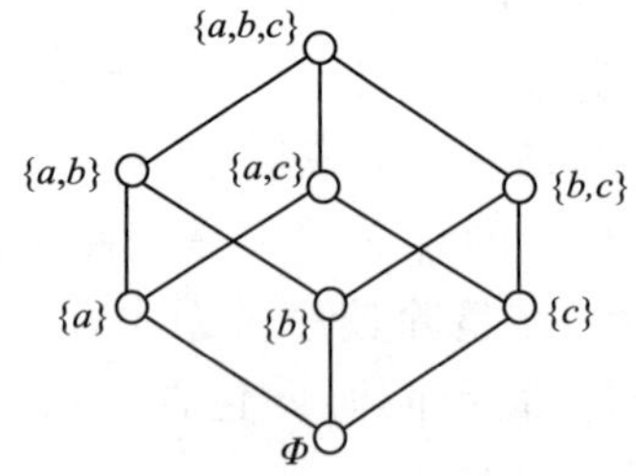

图 5-5 例 5-19 的哈斯图

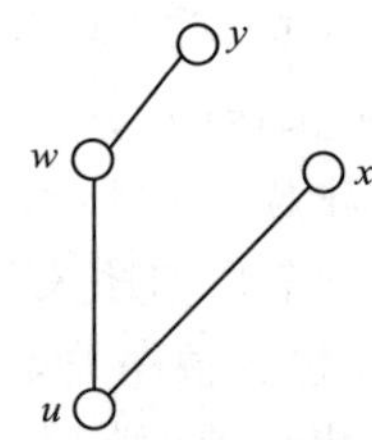

图 5-6 例 5-20 的哈斯图

定义 5-24　设$\langle A,\leqslant\rangle$是一个偏序集，$B\subseteq A$.

(1)若存在 $y\in B$，使得$\forall x(x\in B\rightarrow y\leqslant x)$成立，则称 y 是 B 的**最小元**，即这个最小元与 B 中的任何元素都可比，且小于等于 B 中其他任何元素.

(2)若存在 $y\in B$，使得$\forall x(x\in B\rightarrow x\leqslant y)$成立，则称 y 是 B 的**最大元**，即这个最大元与 B 中的任何元素都可比，且不小于 B 中的其他任何元素.

(3)若存在 $y\in B$，使得$\forall x(x\in B\land x\leqslant y\rightarrow x=y)$成立，则称 y 是 B 的**极小元**，即这个极小元是 B 中没有比它更小的元素，但是与 B 中的其他元素不一定都是可比的.

(4)若存在 $y\in B$，使得$\forall x(x\in B\land y\leqslant x\rightarrow x=y)$成立，则称 y 是 B 的**极大元**，即这个极大元是 B 中没有比它更大的元素，但是与 B 中的其他元素不一定是可比的.

例 5-21　在图 5-7 所示的哈斯图中，对于每个给定的子集 $B_1=\{1,2,3\}$，$B_2=\{3,5,15\}$，$B_3=\{1,2,3,4,5,6,9,10,15\}$，指出 B_1，B_2 和 B_3 对应的最小元、最大元、极小元和极大元.

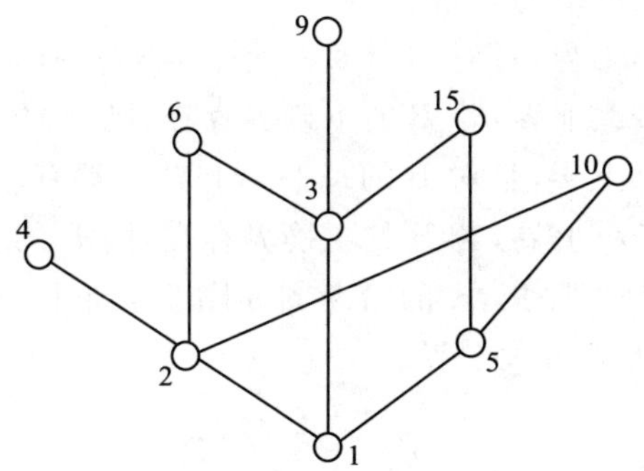

图 5-7　例 5-21 的哈斯图

解　1 是 B_1 的最小元，也是极小元；2，3 是 B_1 的极大元，但 B_1 无最大元.

3，5 是 B_2 的极小元，B_2 无最小元，15 是 B_2 的最大元，也是极大元.

1 是 B_3 的最小元，也是极小元，4，6，9，10，15 是 B_3 的极大元，B_3 无最大元.

设$\langle A,\leqslant\rangle$是一个偏序集，$B\subseteq A$，当确定最小元与极小元时，需要遵循的原则是：

(1)B 的最小元和极小元都是 B 中的元素.

(2)在 B 中若存在最小元，则 B 的最小元是唯一的. 但 B 可以有多个极小元.

(3)B 的最小元不一定存在. 若 B 是有穷集，则 B 的极小元一定存在.

(4)B 的最小元一定是 B 的极小元，但 B 的极小元不一定是 B 的最小元.

(5)B 的最小元与 B 的其他元素都是可比的，但 B 的极小元与 B 的其他元素不一定是可比的.

设$\langle A,\leqslant\rangle$是一个偏序集，$B\subseteq A$，当确定最大元与极大元时，需要遵循的原则是：

(1)B 的最大元和极大元都是 B 中的元素.

(2)在 B 中若存在最大元,则 B 的最大元是唯一的.但 B 可以有多个极大元.

(3)B 的最大元不一定存在.若 B 是有穷集,则 B 的极大元一定存在.

(4)B 的最大元一定是 B 的极大元,但 B 的极大元不一定是 B 的最大元.

(5)B 的最大元与 B 的其他元素都是可比的,但 B 的极大元与 B 的其他元素不一定是可比的.

定义 5-25 设 $\langle A,\leqslant\rangle$ 是一个偏序集,$B\subseteq A$.

(1)若存在 $y\in A$,使得 $\forall x(x\in B\rightarrow x\leqslant y)$ 成立,则称 y 是 B 的一个**上界**,即 B 的上界是指在 B 中没有比它更大的元素,上界与 B 中的其他元素都是可比的,且上界是 A 中的元素,但不一定是 B 中的元素.

(2)若存在 $y\in A$,使得 $\forall x(x\in B\rightarrow y\leqslant x)$ 成立,则称 y 是 B 的一个**下界**,即 B 的下界是指在 B 中没有比它更小的元素,下界与 B 中的其他元素都是可比的,且下界是 A 中的元素,但不一定是 B 中的元素.

(3)设 y 是 B 的一个下界,且对 B 的每一个下界 s,都有 $s\leqslant y$,则称 y 是 B 的**下确界**,即下确界就是 B 的最大下界,若 B 的下确界存在,则 B 的下确界是唯一的.

(4)设 y 是 B 的一个上界,且对 B 的每一个上界 s,都有 $y\leqslant s$,则称 y 是 B 的**上确界**,即上确界就是 B 的最小上界,若 B 的上确界存在,则 B 的上确界是唯一的.

例 5-22 设 $\langle A,R\rangle$ 是偏序集,R 的哈斯图如图 5-8 所示,子集 $B=\{c,d,m,f\}$,指出其上界、下界、最小上界和最大下界.

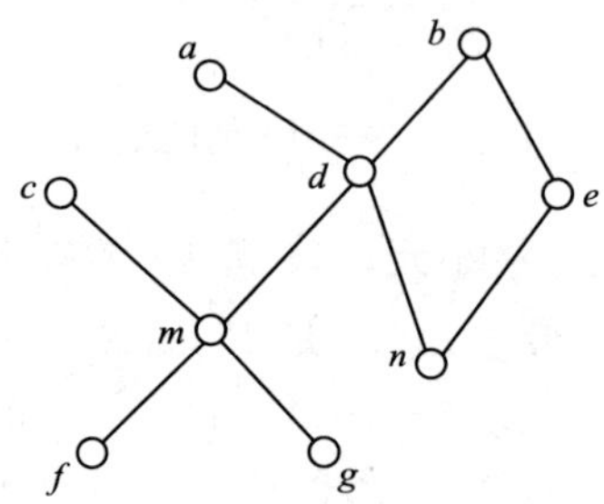

图 5-8 例 5-22 的哈斯图

解 B 无上界和最小上界,下界和最大下界为 f.

定义 5-26 设 R 是非空集合 A 上的偏序关系,若对任意的 $x,y\in A$,x 与 y 是可比的,即 $x\leqslant y$ 或 $y\leqslant x$,则称 R 为 A 上的**全序关系**(或**线序关系**),简称为**全序**(或**线序**).

例如,整数集上的"小于等于关系"是一个全序关系;但是,整除关系只是一个偏序关系,而不是一个全序关系.

小 结

一、本章主要知识点

(1)二元关系的概念与性质;

(2)关系的运算;

(3)关系闭包的概念;

(4)关系闭包的运算;

(5)等价关系与等价类;

(6)偏序关系;

(7)哈斯图.

二、本章教学重点

(1)二元关系的性质与运算;

(2)闭包的运算;

(3)偏序关系与哈斯图.

三、本章教学难点

(1)关系的运算;

(2)哈斯图中最元、极元与界的确定.

习 题

一、填空题

1. 设 $A=\{1,a\}$, $B=\{2,b\}$, 则 $A\times B=$ ________.

2. 设 $A=\{1,2\}$, $B=\{a,b,c\}$, 则 $B\times A=$ ________.

3. 设 $A=\{a,b,c\}$, 则 $A\times A=$ ________.

4. 设 $A=\{1,2\}$, $B=\{a,b\}$, 则 $A\times P(B)=$ ________.

5. 设 $|A|=3$, $|B|=5$, 则 $|A\times B|=$ ________.

6. 设 $|A|=m$, $|B|=n$, 则 $|P(A\times B)|=$ ________.

7. 设 A,B 是集合, 且 $|A|=3$, $|B|=2$, 则 A 到 B 互不相同的二元关系个数为________.

8. 设 A,B 是集合, 且 $|A|=m$, $|B|=n$, 则 A 到 B 互不相同的二元关系个数为________.

9. 设 A,B 是集合, 且 $|A|=4$, $|B|=2$, 则 B 到 A 互不相同的二元关系个数为________.

10. 设 A 是集合,且 $|A|=3$,则 A 上互不相同的二元关系个数为________.

11. 设集合 $A=\{1,2,3,4\}$,试用枚举法列出 A 上的关系 R.

(1)$R=\{\langle x,y\rangle \mid x$ 大于 $y\}$,则 $R=$________________.

(2)$R=\{\langle x,y\rangle \mid x$ 是 y 的倍数$\}$,则 $R=$________________.

(3)$R=\{\langle x,y\rangle \mid x$ 整除 $y\}$,则 $R=$________________.

(4)$R=\{\langle x,y\rangle \mid x\leqslant y\}$,则 $R=$________________.

(5)$R=\{\langle x,y\rangle \mid (x-y)^2\in A\}$,则 $R=$________________.

(6)$R=\{\langle x,y\rangle \mid x/y$ 是素数$\}$,则 $R=$________________.

12. 设 $R=\{\langle x,y\rangle \mid x\equiv y(\mathrm{mod}3)\}$ 是集合 $A=\{1,2,3,4,5,6\}$ 上的关系,则 $R=$________________.

13. 设集合 $A=\{a,b,c\}$,列出 A 上的全域关系,$E_A=$________________.
恒等关系 $I_A=$________________.

14. 已知关系 $R=\{\langle a,1\rangle,\langle c,1\rangle,\langle c,3\rangle,\langle 2,1\rangle,\langle a,2\rangle\}$,则:

$\mathrm{dom}R=$________________,

$\mathrm{ran}R=$________________,

$\mathrm{fld}R=$________________.

15. 已知关系 $R=\{\langle e,a\rangle,\langle f,b\rangle,\langle 3,a\rangle,\langle e,g\rangle,\langle f,f\rangle,\langle 3,g\rangle\}$,则 $\mathrm{dom}R=$____________,$\mathrm{ran}R=$____________,$\mathrm{fld}R=$____________.

16. 设集合 $A=\{a,b\}$,$R=\{\langle a,1\rangle,\langle b,2\rangle,\langle c,2\rangle,\langle 1,1\rangle,\langle a,2\rangle\}$,则 $R\upharpoonright A=$________________,$R[A]=$________________.

17. 设集合 $A=\{1,2,a\}$,$R=\{\langle 1,a\rangle,\langle 2,2\rangle,\langle a,2\rangle,\langle 1,2\rangle,\langle b,2\rangle\}$,则 $R\upharpoonright A=$________________,$R[A]=$________________.

18. 设关系 $R=\{\langle x,y\rangle \mid x<y\wedge y\equiv x(\mathrm{mod}3)\}$ 是 $A=\{0,1,2,3,4,5,6\}$ 上的关系,有集合 $B=\{1,2\}$,则 $\mathrm{dom}R=$________,$\mathrm{ran}R=$________,$R\upharpoonright B=$________.

19. 设 $R=\{\langle 1,a\rangle,\langle 2,2\rangle,\langle b,1\rangle\}$,$S=\{\langle a,2\rangle,\langle b,a\rangle,\langle a,1\rangle,\langle 2,1\rangle,\langle 1,1\rangle\}$,则:

$R^{-1}=$________________,

$S^{-1}=$________________,

$R\circ S$ ________________,

$R^{-1}\circ S=$________________,

$R^{-1}\circ S^{-1}=$________________.

20. 设 $R=\{\langle 1,a\rangle,\langle a,2\rangle,\langle 3,3\rangle\}$,$S=\{\langle b,a\rangle,\langle a,1\rangle,\langle 4,a\rangle,\langle 3,a\rangle,\langle 1,2\rangle\}$,则:

$R^{-1}\circ S^{-1}=$________________,

$S^{-1}\circ R^{-1}=$________________.

21. 设 $R=\{\langle 1,a\rangle,\langle 2,2\rangle,\langle b,1\rangle\}$，$S=\{\langle a,2\rangle,\langle b,a\rangle,\langle a,1\rangle,\langle 2,1\rangle,\langle 1,1\rangle\}$，则 $S^2\circ R$ = ______.

22. 设 $R=\{\langle 1,a\rangle,\langle a,2\rangle,\langle b,1\rangle\}$，则 $R^2=$ ______，$R^3=$ ______.

23. 设 $R=\{\langle a,a\rangle,\langle a,b\rangle,\langle a,c\rangle,\langle b,a\rangle,\langle b,c\rangle,\langle c,a\rangle,\langle c,b\rangle\}$，则：

$R^2=$ ______，

$R^3=$ ______.

24. 写出下列二元关系具有哪些性质.

(1) $R=\{\langle a,a\rangle,\langle a,b\rangle,\langle b,a\rangle,\langle b,c\rangle,\langle c,b\rangle\}$ 是 $A=\{a,b,c\}$ 上的二元关系，则 R 具有 ______.

(2) $R=\{\langle a,a\rangle,\langle b,b\rangle,\langle b,a\rangle,\langle b,c\rangle,\langle c,c\rangle\}$ 是 $A=\{a,b,c\}$ 上的二元关系，则 R 具有 ______.

(3) $R=\{\langle 1,2\rangle,\langle 3,2\rangle,\langle 1,4\rangle,\langle 3,4\rangle\}$ 是 $A=\{1,2,3,4\}$ 上的二元关系，则 R 具有 ______.

(4) 设 $R=\{\langle x,y\rangle \mid x\neq y\}$ 是 $A=\{1,2,3,4\}$ 上的二元关系，则 R 具有 ______.

(5) 设 $R=\{\langle x,y\rangle \mid x>y\}$ 是 $A=\{1,2,3,4\}$ 上的二元关系，则 R 具有 ______.

(6) 设 $R=\{\langle x,y\rangle \mid x-y=1\}$ 是 $A=\{1,2,3,4\}$ 上的二元关系，则 R 具有 ______.

(7) 设 $R=\{\langle x,y\rangle \mid x+y=5\}$ 是 $A=\{1,2,3,4\}$ 上的二元关系，则 R 具有 ______.

(8) 设 $R=\{\langle x,y\rangle \mid x\equiv y(\mathrm{mod}3)\}$ 是集合 $A=\{1,2,3,4,5,6\}$ 上的二元关系，则 R 具有 ______.

25. 求出下列关系的闭包.

(1) $R=\{\langle a,2\rangle,\langle b,1\rangle,\langle b,c\rangle,\langle c,2\rangle,\langle a,a\rangle\}$ 是 $A=\{a,b,c,1,2\}$ 上的二元关系，则：

$r(R)=$ ______，

$s(R)=$ ______，

$t(R)=$ ______.

(2) $R=\{\langle b,a\rangle,\langle b,b\rangle,\langle b,3\rangle,\langle 3,b\rangle,\langle 3,3\rangle,\langle 4,b\rangle\}$ 是 $A=\{a,b,3,4\}$ 上的二元关系，则：

$r(R)=$ ______，

$s(R)=$ ______，

$t(R)=$ ______.

26. 设集合 A 的一个划分为 $\{\{b\},\{a,c\},\{d,e\}$，则该划分对应的等价关系 R = ______.

27. 设集合 A 的一个划分为 $\{\{1,2,3\},\{4\}\}$，则该划分对应的等价关系 R = ______.

28. 设 $R=\{\langle x,y\rangle \mid x\equiv y(\mathrm{mod}3)\}$ 是集合 $A=\{1,2,3,4,5,6\}$ 上的等价关系，写出 R 的划分 $\pi=$________________.

29. 设 $R=\{\langle x,y\rangle \mid x\equiv y(\mathrm{mod}2)\}$ 是集合 $A=\{1,2,3,9,11,12\}$ 上的等价关系，写出 R 的划分 $\pi=$________________.

二、选择题

1. 设 $R=\{\langle a,b\rangle,\langle b,a\rangle,\langle b,c\rangle,\langle c,d\rangle,\langle d,a\rangle,\langle d,b\rangle,\langle d,c\rangle\}$，是 $A=\{a,b,c,d\}$ 上的二元关系，则 R 的关系矩阵 $\boldsymbol{M}(R)$ 是(　　).

A. $\begin{pmatrix}1&0&1&0\\1&1&0&0\\0&1&0&1\\0&0&1&1\end{pmatrix}$　　B. $\begin{pmatrix}1&1&1&0\\0&0&1&1\\1&1&0&0\\0&0&0&1\end{pmatrix}$

C. $\begin{pmatrix}0&0&0&1\\1&0&1&0\\0&1&0&1\\1&1&1&0\end{pmatrix}$　　D. $\begin{pmatrix}1&1&1&0\\0&0&1&1\\0&0&0&1\\1&0&1&0\end{pmatrix}$

2. 设 $R=\{\langle a,a\rangle,\langle b,a\rangle,\langle b,c\rangle,\langle c,b\rangle,\langle d,b\rangle\}$，是 $A=\{a,b,c,d\}$ 上的二元关系，则 R 的关系图是(　　).

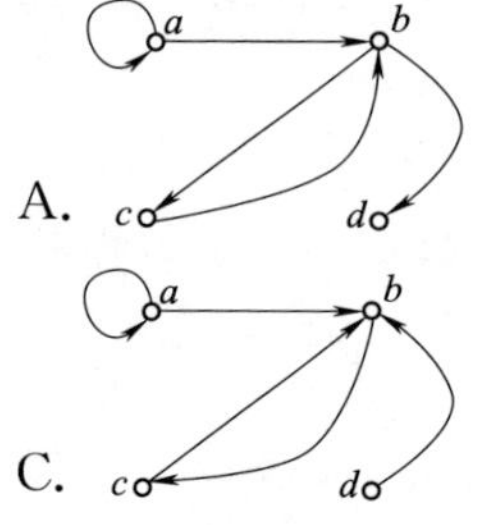

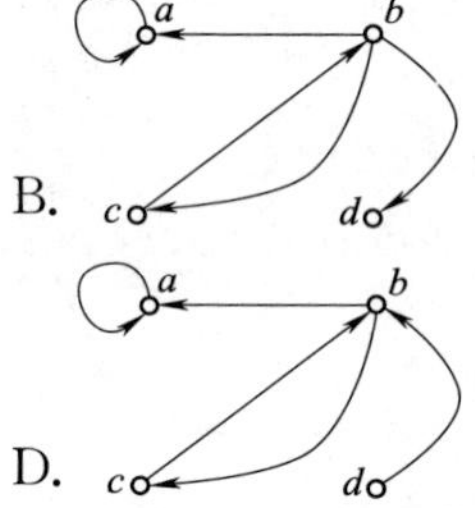

3. 设 $R=\{\langle x,y\rangle \mid (x<y)\wedge(y\equiv x(\mathrm{mod}4))\}$，是 $A=\{0,2,4,5,6,8,10\}$ 上的二元关系，则下列说法正确的是(　　).

A. $\mathrm{dom}R=\{0,2,4,5\}$　　B. $\mathrm{dom}R=\{4,6,8,10\}$

C. $\mathrm{ran}R=\{0,2,4,6\}$　　D. $\mathrm{ran}R=\{4,6,8,10\}$

4. 设集合 A 的一个划分为 $\pi=\{\{1\},\{4,5\}\}$，则划分对应的等价关系 R 为(　　).

A. $\{\langle 1,1\rangle,\langle 4,4\rangle,\langle 5,5\rangle,\langle 4,5\rangle,\langle 5,4\rangle\}$

B. $\{\langle 1,1\rangle,\langle 4,4\rangle,\langle 5,5\rangle,\langle 1,4\rangle,\langle 4,1\rangle\}$

C. $\{\langle 1,1\rangle,\langle 4,4\rangle,\langle 5,5\rangle,\langle 1,5\rangle,\langle 5,1\rangle\}$

D. $\{\langle 1,1\rangle,\langle 1,4\rangle,\langle 4,1\rangle,\langle 1,5\rangle,\langle 5,1\rangle\}$

5. 设 $R=\{\langle x,y\rangle \mid x\equiv y(\mathrm{mod}2)\}$ 是 $A=\{1,2,3,4,5\}$ 上的等价关系，下列说法错误的是(　　).

A. 由 R 导出的 A 的划分是 $\pi=\{\{1,3,5\},\{2,4\}\}$

B. $[1]=[3]=[5]$

C. $[1]=\{3,5\}$

D. 2 的等价类与 4 的等价类相同

6. 设集合 $A=\{1,2,3,4,5,6,7,8\}$，则下列 A 上的关系具有对称性的是(　　).

A. $R=\{\langle x,y\rangle \mid x=2y\}$

B. $R=\{\langle x,y\rangle \mid x$ 整除 $y\}$

C. $R=\{\langle x,y\rangle \mid x-y=1\}$

D. $R=\{\langle x,y\rangle \mid |x-y|=2\}$

7. 设关系 R 对应的关系矩阵 $\boldsymbol{M}(R)=\begin{pmatrix}1&0&0&1\\0&1&1&0\\0&0&1&0\\0&1&1&1\end{pmatrix}$，则该关系具有哪些性质(　　).

A. 自反性、对称性、传递性

B. 自反性、反对称性

C. 反自反性、对称性

D. 自反性、反对称性、传递性

8. 设 $\langle A,R\rangle$ 是偏序集，R 的哈斯图如图 5-9 所示，则以下说法错误的是(　　).

A. 4 是最小元

B. 1、2 是最大元

C. A 没有上界

D. 4 是下界

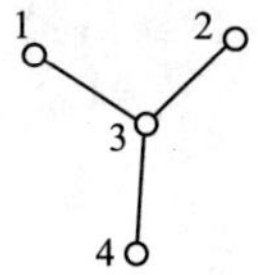

图 5-9　题 8 的哈斯图

9. 设 $\langle A,R\rangle$ 是偏序集，R 的哈斯图如图 5-10 所示，以下说法正确的是(　　).

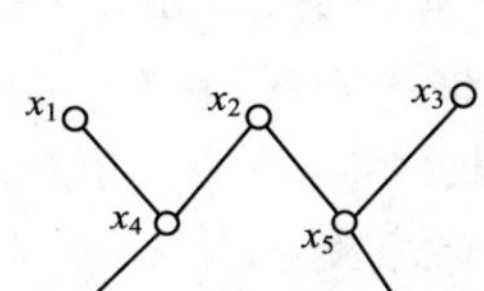

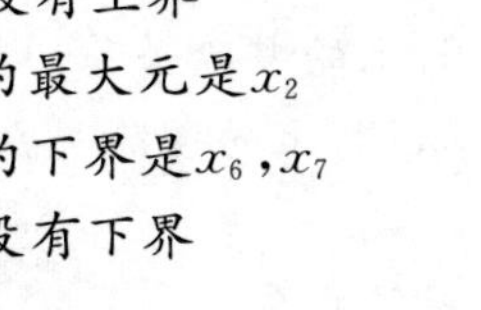

图5-10　题 9 的哈斯图

A. 子集 $B=\{x_4,x_5,x_6,x_7\}$ 没有上界

B. 子集 $B=\{x_4,x_5,x_6,x_7\}$ 的最大元是 x_2

C. 子集 $B=\{x_1,x_2,x_4,x_6\}$ 的下界是 x_6,x_7

D. 子集 $B=\{x_1,x_2,x_4,x_5\}$ 没有下界

三、判断题

1. 判断下列关于等价关系的说法是否正确.

(1)集合上的恒等关系，全域关系是等价关系.　　(　　)

(2)三角形的全等关系,三角形的相似关系是等价关系. ( )

(3)在一个班级里“年龄相等”的关系是等价关系. ( )

(4)关系 $R=\{\langle x,y\rangle \mid x\neq y\}$ 不是等价关系. ( )

(5)关系 $R=\{\langle x,y\rangle \mid x$ 大于等于 $y\}$ 是等价关系. ( )

2. 设集合 $A=\{a,b,c,d,e,f,g\}$,则 $\pi=\{\{a,b,c\},\{d,e\},\{f,g,\varphi\}\}$ 是 A 的一个划分. ( )

3. 设集合 $A=\{a,b,c,d,e,f,g\}$,则 $\pi=\{\{a,b,c\},\{d,e\},\{\{a\},f,g,\}\}$ 是 A 的一个划分. ( )

4. 设 $R=\{\langle x,y\rangle \mid x\equiv y(\mathrm{mod}3)\}$ 是集合 $A=\{1,2,3,4,5,6,7,8,9\}$ 上的等价关系,则有 $[3]=[6]=[9]$. ( )

5. 设 $R=\{\langle x,y\rangle \mid x\equiv y(\mathrm{mod}4)\}$ 是集合 $A=\{1,2,3,4,5,6,7,8,9\}$ 上的等价关系,则有 $[5]=\{1,9\}$. ( )

6. I_A 是集合 $A=\{1,2,3,4,5,6,7,8,9\}$ 上的等价关系. ( )

7. 集合 $A=\{1,2,3,4,5,6,7,8,9\}$,则 I_A 可导出集合 A 的划分为 $\pi=\{1,2,3,4,5,6,7,8,9\}$. ( )

8. 设关系 R 为 $A=\{1,2,3,4,5\}$ 上的等价关系,已知等价类为 $[3]=\{1,3,5\}$,$[2]=\{2,4\}$,则该关系为 $R=\{\langle 1,3\rangle,\langle 1,5\rangle,\langle 3,5\rangle,\langle 2,4\rangle\}$. ( )

9. 判断下列关于偏序关系的说法是否正确.

(1)集合 A 上的恒等关系 I_A 是 A 上的偏序关系,但全域关系 E_A 不是 A 上的偏序关系. ( )

(2)自然数域上的整除关系是偏序关系,且有 $2\preccurlyeq 3$. ( )

(3)自然数域上的整除关系是偏序关系,且有 $4\preccurlyeq 8$,4 与 6 不可比. ( )

(4)$R=\{\langle x,y\rangle \mid x$ 大于 $y\}$ 是偏序关系,且有 $3\preccurlyeq 5$. ( )

(5)$R=\{\langle x,y\rangle \mid x$ 是 y 的倍数$\}$ 不是偏序关系. ( )

(6)$R=\{\langle x,y\rangle \mid x$ 整除 $y\}$ 是偏序关系. ( )

(7)$R=\{\langle x,y\rangle \mid x\leqslant y\}$ 是偏序关系. ( )

(8)$R=\{\langle x,y\rangle \mid (x-y)^2\in A\}$ 是偏序关系. ( )

(9)$R=\{\langle x,y\rangle \mid x\neq y\}$ 不是偏序关系. ( )

10. 设关系 R 为 $A=\{1,2,4,6\}$ 上的整除关系,则有 2 和 4 都覆盖 1. ( )

11. 设关系 R 为 $A=\{1,3,6,9,12\}$ 上的整除关系,则有 12 是 3 的覆盖. ( )

四、综合题

1. 用关系矩阵和关系图表示下列关系.

(1)集合 $A=\{1,2,3,4\}$,表示出关系 $R=\{\langle x,y\rangle \mid x$ 大于等于 y.

(2)集合 $A=\{a,b,c\}$,表示出 E_A 和 I_A.

(3)集合 $A=\{a,b,c,d,e\}$，表示出 $R=\{\langle a,c\rangle,\langle a,d\rangle,\langle b,b\rangle,\langle b,d\rangle,\langle c,a\rangle,\langle c,b\rangle,\langle d,c\rangle,\langle d,d\rangle\}$.

2. 关系 $R=\{\langle 1,1\rangle,\langle 1,4\rangle,\langle 2,1\rangle,\langle 3,3\rangle,\langle 4,2\rangle\}$ 是 $A=\{1,2,3,4\}$ 上的二元关系，画出 R 的关系矩阵和关系图，并求出 R 的自反闭包、对称闭包和传递闭包.

3. 关系 $R=\{\langle a,d\rangle,\langle b,c\rangle,\langle b,d\rangle,\langle c,a\rangle,\langle c,b\rangle,\langle c,d\rangle,\langle d,a\rangle\}$ 是 $A=\{a,b,c,d\}$ 上的二元关系，画出 R 的关系矩阵和关系图，并用矩阵法求出 R 的自反闭包、对称闭包和传递闭包.

4. 设关系 R 为 $A=\{1,2,3,4,6,9,10,12,18,20\}$ 上的整除关系，画出 R 的哈斯图，并求出 A 的级大元、极小元、最大元、最小元、上界、下界、上确界、下确界.

5. 设关系 R 为 $A=\{1,3,5,7,11,15,33,35,70\}$ 上的整除关系，画出 R 的哈斯图，若 B,C,D 分别为 A 的子集，$B=\{1,5,7,35\}$，$C=\{3,5,15\}$，$D=\{5,7,15,35\}$，分别写出 B,C,D 的级大元、极小元、最大元、最小元、上界、下界、上确界、下确界.

6. 设 $\langle A,R\rangle$ 是偏序集，$R=\{\langle 1,1\rangle,\langle 2,2\rangle,\langle 3,3\rangle,\langle 4,4\rangle,\langle 5,5\rangle,\langle 6,6\rangle,\langle 7,7\rangle,\langle 1,3\rangle,\langle 3,6\rangle,\langle 1,6\rangle,\langle 1,4\rangle,\langle 4,6\rangle,\langle 4,7\rangle,\langle 1,7\rangle,\langle 2,4\rangle,\langle 2,6\rangle,\langle 2,7\rangle,\langle 4,7\rangle,\langle 5,7\rangle\}$，试画出关系 R 的哈斯图，并指出 A 的子集 $B=\{1,2,3,4,6\}$ 的极大元、极小元、最大元、最小元、上界、下界、上确界、下确界.

7. 设 $\langle A,R\rangle$ 是偏序集，$A=\{1,2,3,4,5,6,7\}$，R 的哈斯图如图 5-11 所示，请写出关系 R.

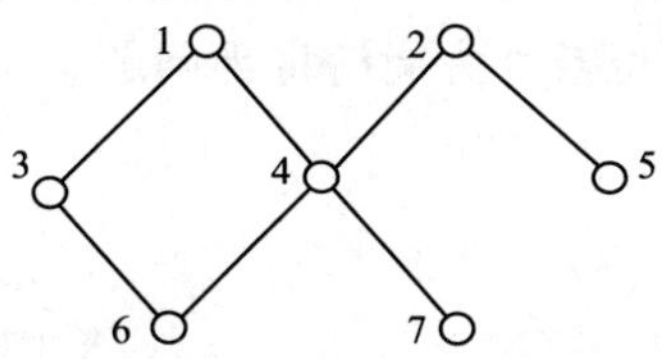

图 5-11　题 7 的哈斯图

第 6 章　图　　论

图论是一个古老的数学分支，它的创始人是 18 世纪的数学家欧拉(Euler). 1736 年，欧拉解决了著名的哥尼斯堡七桥问题，图论就是在他解决这一难题的过程中建立的. 哥尼斯堡城位于普雷格尔河畔，河中有两个岛，城市的各个部分由七座桥相连，如图 6-1 所示. 图中四块陆地区域分别用字母 A,B,C,D 标识. 当时城中的居民热衷于一个问题:游人从四块区域中任意一起出发，怎样才能做到每座桥穿行一次且仅穿行一次，最后返回到出发地点？问题看来很简单，但谁也解决不了，1736 年，欧拉证明了这是不可能的，从而奠定了图论.

图论可以应用于电网的研究，还可以应用于数学游戏的研究. 例如，1857 年，爱尔兰数学家威廉·罗万·哈密顿(William Rowan Hamilton, 1805—1865)发明了一个智力游戏:是否能够在图 6-2 中找到一条回路，使它通过图中每个结点一次且仅一次？若把图中每个结点看成一座城市，连接两个结点的边看成是交通线，那么这个问题就变成能否找到一条路线，使得沿着这条路线恰好经过每座城市一次，再回到原来的出发地？因此，这个问题也被称为周游世界问题.

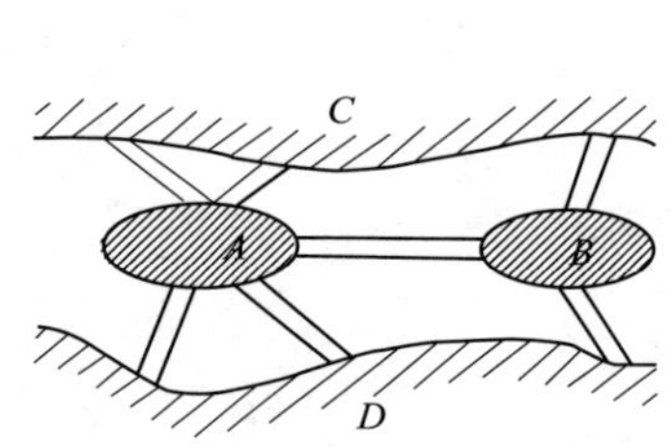

图 6-1　哥尼斯堡七桥问题

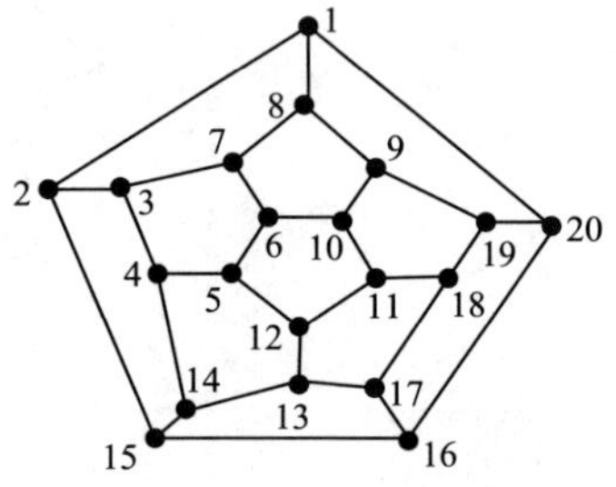

图 6-2　周游世界问题

近年来，图论的研究非常活跃，它已被迅速和有效地应用到许多学科领域，而在计算机科学中有着更广泛的应用，如人工智能、数据库、形式语言和自动机及网络等领域.

§6.1　图的基本概念

图可以分为无向图和有向图，下面分别介绍无向图和有向图.

6.1.1　无向图

在图论中**图**是一个抽象的数学结构，由图的顶点和边组成. 其中，图的顶点看作平面上的点，边是连接两个顶点之间的连线.

(1)一个图至少要有一个顶点，但一个图可以没有边.

(2)在一个图中，允许有多条边连接相同的两个顶点.

一般地，用 $v_i(i=1,2,\cdots,n)$ 表示图的**顶点**，用 $e_j(j=1,2,\cdots,m)$ 表示图的**边**. 例如，图 6-3 所示的图形就是图论中的图.

定义 6-1　元素可以重复出现的集合称为**多重集合**.

例如，$A=\{a,a,a,b,b,c\}$ 是一个由 6 个元素组成的多重集合.

注意：普通集合不允许有重复的元素，而多重集合允许有重复的元素，并且对重复的元素要分别一一列出.

定义 6-2　**无向图** G 由其顶点集 V 和边集 E 组成，记为 $G=\langle V,E\rangle$，其中：

(1)顶点集 V 是一个非空集合，V 中的元素称为图的**顶点**或**结点**；

(2)边集 E 是由一些无序对 $(u,v)=\{u,v\}$ 组成的多重集合，$u,v\in V$. 无向图常简称为**图**.

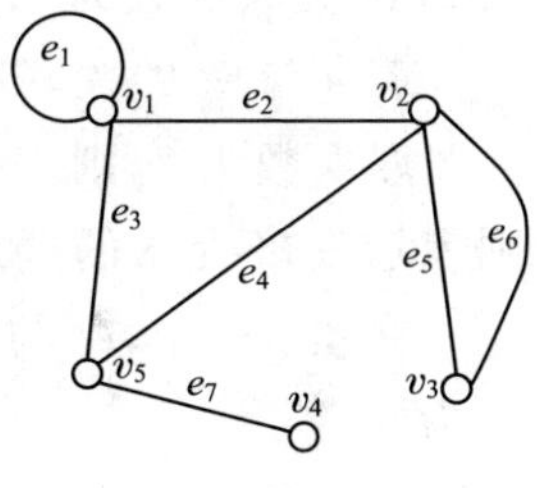

图 6-3　图

例 6-1　设 $G=\langle V,E\rangle$ 是一个无向图，其中顶点集 $V=\{v_1,v_2,v_3,v_4,v_5\}$，边集 $E=\{(v_1,v_2),(v_1,v_5),(v_1,v_1),(v_2,v_3)(v_2,v_3),(v_2,v_5),(v_4,v_5)\}$，则图 G 如图 6-3 所示.

有时为了区分图的重复边，将边集写成

$$E=\{(v_1,v_2),(v_1,v_5),(v_1,v_1),(v_2,v_3)'(v_2,v_3)'',(v_2,v_5),(v_4,v_5)\}$$

或写成

$$E=\{e_1,e_2,e_3,e_4,e_5,e_6,e_7\}.$$

定义 6-3　设 $e=(v_i,v_j)$ 是无向图 G 的一条边，则称 v_i 和 v_j 是边 e 的**端点**，且称边 e 与顶点 v_i(或 v_j)是**彼此关联**的.

对于顶点与边之间的关联要注意以下几点：

(1)一条边与其端点关联，不与其端点以外的顶点关联.

(2)一条边可与一个顶点关联，也可与两个顶点关联，但一条边至少与一个顶点关联且最多能与两个顶点关联.

(3)一个顶点可与多条边关联，也可以不与任何边关联.

在图 6-3 中，边 e_2 与顶点 v_1 关联，e_2 也与顶点 v_2 关联；边 e_1 只与 v_1 关联. 而顶点 v_1 与 e_1,e_2,e_3 等 3 条边关联.

定义 6-4 无向图中不与任何边关联的顶点称为**孤立点**.

定义 6-5 若无向图中关联两个顶点的边多于 1 条,则称这些边为**平行边**,平行边的条数称为边的**重数**.

在图 6-3 中,与 v_2 和 v_3 关联的边有 2 条: e_5, e_6. 这 2 条边是平行边,这些边的重数为 2.

定义 6-6 若无向图中的一条边关联的两个顶点重合,即 $e=(v_i,v_i)$,则称该边为**环**.

在图 6-3 中,边 e_1 是一个环.

定义 6-7 既不含平行边也不含环的无向图称为**简单图**.

定义 6-8 含有平行边的无向图称为**多重图**.

图 6-3 是多重图.

定义 6-9 设 $e=(v_i,v_j)$ 是无向图 G 的一条边,若 $v_i\neq v_j$,则说 e 与 v_i(或 v_j)的**关联次数**为 1;若 $v_i=v_j$,则说 e 与 v_i(或 v_j)的关联次数为 2;若 v_i 不是 e 的端点,则说 e 与 v_i 的关联次数为 0.

若 e 与 v_i 的关联次数为 1,则表示 e 有两个不同的端点,v_i 是其中之一;若 e 与 v_i 的关联次数为 2,则表示 e 的两个端点重合,即 e 是一个环;若 e 与 v_i 的关联次数为 0,则表示 v_i 不是 e 的端点,即 e 不与 v_i 相连接.

在图 6-3 中,e_2 与 v_1 的关联次数为 1;e_1 与 v_1 的关联次数为 2;e_4 与 v_1 的关联次数为 0.

定义 6-10 设 $G=\langle V,E\rangle$ 是一个无向图,若存在边 $e=(v_i,v_j)$,则说**顶点** v_i **与** v_j **相邻**. 若不存在连接 v_i 与 v_j 的边,则说 v_i **与** v_j **不相邻**.

在图 6-3 中,v_1 与 v_2 相邻;v_1 与 v_5 相邻;v_1 与 v_3 不相邻;v_1 与 v_4 不相邻.

定义 6-11 设 $G=\langle V,E\rangle$ 是一个无向图,e_k 和 e_l 是 G 的两条边,若存在顶点 v 使得 v 是 e_k 与 e_l 的公共端点,则说**边** e_k **与** e_l **相邻**.

图中的两条边相邻是指这两条边关联同一个顶点,或者说两条边连接同一个顶点. 在图 6-3 中,边 e_2 与 e_4 相邻;e_2 与 e_5 相邻;e_2 与 e_6 相邻;但 e_1 与 e_6 不相邻.

定义 6-12 设 $G=\langle V,E\rangle$ 是一个简单图,若 G 的每个顶点都与其他顶点相邻,则称 G 是一个**完全图**.

完全图是指图中任何两个顶点之间有且仅有一条边相连接.

定义 6-13 图的顶点数称为图的**阶**,含有 n 个顶点的图称为 n **阶图**.

含有 n 个顶点的完全图称为 n **阶完全图**,记为 K_n.

例 6-2 图 6-4 和图 6-5 分别是 5 阶和 6 阶完全图,而图 6-6 不是完全图.

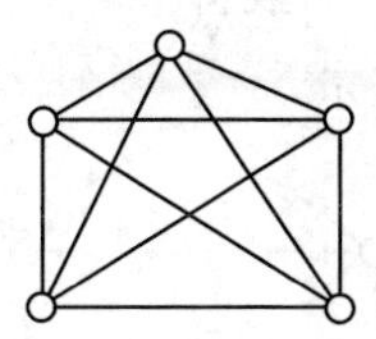

图 6-4　5 阶完全图

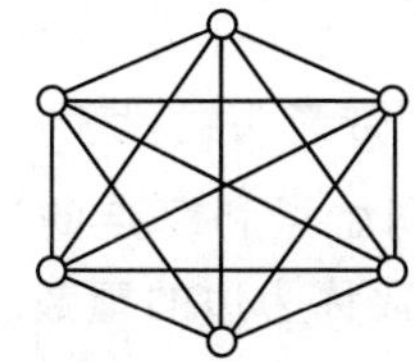

图 6-5　6 阶完全图

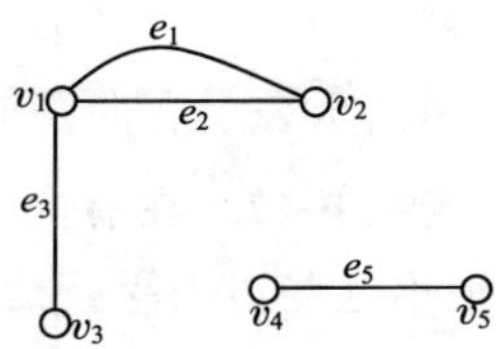

图 6-6　非完全图

定义 6-14　设 $G=\langle V,E\rangle$ 和 $G'=\langle V',E'\rangle$ 是两个无向图，

(1)若 $V'\subseteq V$ 且 $E'\subseteq E$，则称 G' 为 G 的**子图**，记为 $G'\subseteq G$；

(2)若 G' 为 G 的子图且 $G'\neq G$，则称 G' 为 G 的**真子图**；

(3)若 $V'=V$ 且 $E'\subseteq E$，则称 G' 为 G 的**生成子图**.

在图 6-6 中，令 $V'=\{v_4,v_5\}$，$E'=\{e_5\}$，则 $G'=\langle V',E'\rangle$ 是 G 的一个子图. 令 $V_1=\{v_1,v_2,v_3,v_4,v_5\}$，$E_1=\{e_1,e_5\}$，则 $G_1=\langle V_1,E_1\rangle$ 构成 G 的一个生成子图. 令 $V_2=\{v_1,v_3,v_5\}$，$E_2=\{e_1,e_5\}$，则 $G_2=\langle V_2,E_2\rangle$ 不是 G 的一个子图，因为 $e_1=(v_1,v_2)$，而 $v_2\notin V_2$，所以 e_1 不能成为 $G_2=\langle V_2,E_2\rangle$ 的一条边.

定义 6-15　设 $G=\langle V,E\rangle$ 是一个无向图，$v\in V$，则将 v 与图 G 中所有边的关联次数之和称为**顶点 v 的度数**，记为 $d(v)$.

图中一个顶点 v 的度数就是与 v 连接的边数(一个环计数两次). 在图 6-6 中，$d(v_1)=3$，$d(v_2)=2$，$d(v_3)=d(v_4)=d(v_5)=1$.

定理 6-1(握手定理)　设 $G=\langle V,E\rangle$ 是一个有 n 个顶点、m 条边的无向图，$V=\{v_1,v_2,\cdots,v_n\}$，$E=\{e_1,e_2,\cdots,e_m\}$，则 $\sum\limits_{i-1}^{n} d(v_i)=2|E|=2m$.

证明　因为图中每条边都与两个顶点(当某条边是环时，两个顶点重合)且只与两个顶点关联，所以每条边都使图的顶点度数之和增加 2. 因此，m 条边使各顶点度数之和等于 $2m$.

定理 6-1 之所以称为握手定理，是说明在一个无向图中，每条边都连着两个顶点，可看成是两只手相握，m 条边代表有 $2m$ 只手相握.

推论 6-1　设 $G=\langle V,E\rangle$ 是一个无向图，则 G 中度数为奇数的顶点必为偶数个.

6.1.2　有向图

定义 6-16　一个**有向图** D 由其顶点集 V 和边集 E 组成，记为 $D=\langle V,E\rangle$，其中：

(1)顶点集 V 是一个非空集合，V 中的元素称为图 D 的**顶点**或**结点**；

(2)边集 E 是由一些有序对 $\langle u,v\rangle$ 组成的多重集合，$u,v\in V$，E 中的元素称为**有向边**，简称**边**.

若 $e=\langle u,v\rangle$ 是有向图 D 的一条边,则 u 称为 e 的始点,v 称为 e 的终点.

用图示表示有向图时,图中的边用带箭头线段表示,如图 6-7 所示.

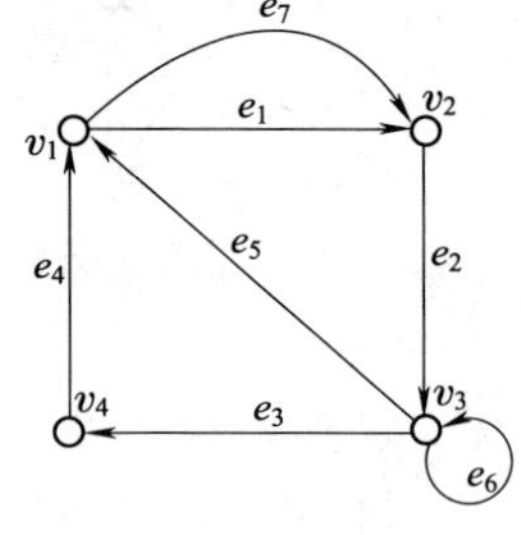

图 6-7　有向图

定义 6-17　在有向图中,若有相同始点和终点的边多于 1 条,则称这些边为**平行边**,平行边的条数称为边的**重数**.

在图 6-7 中,e_1 和 e_7 是平行边.

定义 6-18　在有向图中,若一条边的始点与终点重合,即 $e=(v_i,v_i)$,则称该边为**环**.

在图 6-7 中,e_6 是环.

定义 6-19　在有向图中,若存在连接顶点 v_i 与 v_j 的一条有向边,即有 $e=\langle v_i,v_j\rangle$(或 $e=\langle v_j,v_i\rangle$)存在,则称**顶点** v_i **与顶点** v_j **相邻**. 若存在 $e=\langle v_i,v_j\rangle$,则称**顶点** v_i **邻接到顶点** v_j,或 v_j 邻接于 v_i.

在图 6-7 中,v_1 邻接于 v_2,v_2 邻接于 v_3.

定义 6-20　在有向图中,若一条边的终点是另一条边的始点,则称这**两条边相邻**. 并且,若 $e_1=\langle u,v\rangle$,$e_2=\langle v,w\rangle$,则称 e_1 邻接到 e_2,或 e_2 邻接于 e_1.

在图 6-7 中,e_3 与 e_4 相邻;但 e_2 与 e_4 不相邻.

定义 6-21　设 $D=\langle V,E\rangle$ 是一个有向图,v 是 D 的一个顶点,则所有以 v 为始点的边的总数称为 v 的**出度**,记为 $d^+(v)$;所有以 v 为终点的边的总数称为 v 的**入度**,记 v 为 $d^-(v)$;v 的出度与入度之和称为 v 的**度数**,记为 $d(v)$,即 $d(v)=d^+(v)+d^-(v)$.

在图 6-7 中,$d^+(v_1)=2$,$d^-(v_1)=2$;$d^+(v_2)=1$,$d^-(v_2)=2$;$d^+(v_3)=3$,$d^-(v_3)=2$. 其中,有一个环连接 v_3,这个环对 v_3 的出度的贡献为 1,对 v_3 的入度的贡献也是 1.

定理 6-2(有向图中的握手定理)　设 $D=\langle V,E\rangle$ 是一个有 n 个顶点、m 条边的有向图,$V=\{v_1,v_2,\cdots,v_n\}$,$E=\{e_1,e_2\cdots,e_m\}$,则 $\sum\limits_{i=1}^{n} d^+(v_i)+\sum\limits_{i=1}^{n} d^-(v_i)=2m$.

证明　因为每条有向边都与一个始点和一个终点相关联,所以每条有向边都在顶点的出度之和中有 1 的计数. 因此,m 条边在顶点的出度之和中有 m 个 1 的计数. 同理,m 条边在顶点的入度之和中有 m 个 1 的计数. 故顶点的出度之和加上顶点的入度之和等于 $2m$.

推论 6-2　设 $D=\langle V,E\rangle$ 是一个有向图,则 D 中度数为奇数的顶点必为偶数个.

6.1.3　图的矩阵表示

图可以用集合来定义,但多半用图形来表示,此外,还可以用矩阵来表示图. 用矩阵表示图,便于用代数方法研究图的性质,也便于用计算机处理图. 本节中主要讨论无向图及有向图的邻接矩阵.

定义 6-22　设 $G=\langle V,E\rangle$ 是一个无向图，$V=\{v_1,v_2,\cdots,v_n\}$，$E=\{e_1,e_2\cdots,e_m\}$，定义一个 $n\times n$（n 行 n 列）矩阵 $\mathbf{A}=(a_{ij})_{n\times n}$ 如下：

$$a_{ij}=h,1\leqslant i\leqslant n,1\leqslant j\leqslant n,$$

其中，h 是以 v_i 和 v_j 为端点的边数. 则 $\mathbf{A}=(a_{ij})_{n\times n}$ 称为**图 G 的邻接矩阵**.

若已知一个无向图的顶点集和边集，则可按表 6-1 所示的方法写出该图的邻接矩阵：在表的横线上方和竖线的左边分别依次列出图的顶点 $v_1,v_2,v_3,\cdots,v_n$. 然后在第 i 行第 j 列的位置填上数字 h，其中 h 是连接 v_i 和 v_j 的边数.

表 6-1　无向图的邻接矩阵

顶点	v_1	v_2	v_3	$\cdots$	v_n
v_1	a_{11}	a_{12}	a_{13}	$\cdots$	a_{1n}
v_2	a_{21}	a_{22}	a_{23}	$\cdots$	a_{2n}
v_3	a_{31}	a_{32}	a_{33}	$\cdots$	a_{3n}
$\vdots$	$\vdots$	$\vdots$	$\vdots$		$\vdots$
v_n	a_{n1}	a_{n2}	a_{n3}	$\cdots$	a_{nn}

所以，在邻接矩阵中，第 $i(1\leqslant i\leqslant n)$ 行的数字之和，是图中与顶点 v_i 连接的边数；第 $j(1\leqslant j\leqslant n)$ 列的数字之和，是图中与顶点 v_j 连接的边数.

例 6-3　设无向图 G_1 和 G_2 分别如图 6-8 和图 6-9 所示，它们所对应的邻接矩阵分别为

$$\mathbf{A}(G_1)=\begin{pmatrix}1&2&1&0\\2&0&0&0\\1&0&0&1\\0&0&1&0\end{pmatrix},\quad \mathbf{A}(G_2)=\begin{pmatrix}0&1&1&0&0&0\\1&0&0&1&0&0\\1&0&0&1&0&0\\0&1&1&0&1&0\\0&0&0&1&0&1\\0&0&0&0&1&0\end{pmatrix}.$$

定义 6-23　设 $D=\langle V,E\rangle$ 是一个有向图，$V=\{v_1,v_2,\cdots,v_n\}$，$E=\{e_1,e_2,\cdots,e_m\}$，定义一个 $n\times n$（n 行 n 列）矩阵 $\mathbf{A}=(a_{ij})_{n\times n}$ 如下：

$$a_{ij}=h,1\leqslant i\leqslant n,1\leqslant j\leqslant n,$$

其中，h 是以 v_i 为始点，以 v_j 为终点的边数. $\mathbf{A}=(a_{ij})_{n\times n}$ 称为**有向图 D 的邻接矩阵**.

例 6-4　设有向图 G_1 如图 6-10 所示，它所对应的邻接矩阵为

$$\mathbf{A}(G_1)=\begin{pmatrix}0&2&1&0\\0&0&1&0\\0&0&0&1\\0&0&1&1\end{pmatrix}.$$

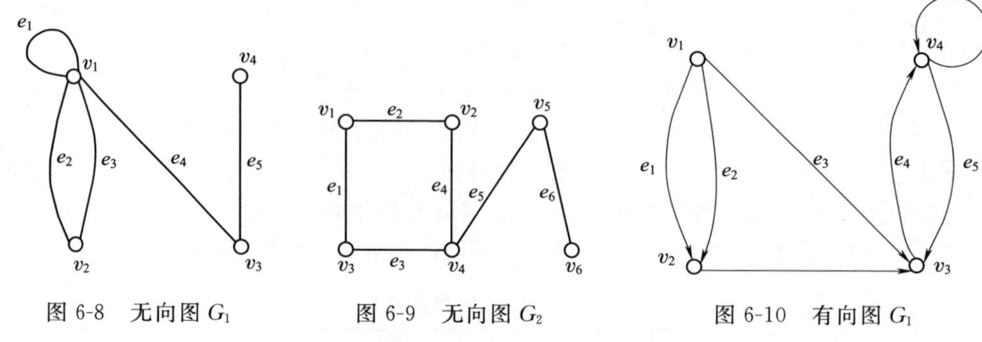

图 6-8 无向图 G_1　　图 6-9 无向图 G_2　　图 6-10 有向图 G_1

§6.2 图的连通性

通路与回路是图论中两个重要的概念.

6.2.1 无向图的通路与回路

定义 6-24 设 $G=\langle V,E\rangle$ 是一个无向图,$v_0e_1v_1e_2\cdots e_lv_l$ 是图中顶点与边的一个交替序列,边 $e_1,e_2,\cdots,e_l$ 首尾相接,则称该序列为 v_0 到 v_l 的一条**通路**. v_0 称为通路的**起点**,v_l 称为通路的**终点**,l 称为通路的**长度**.

例 6-5 设无向图 $G=\langle V,E\rangle$ 如图 6-11 所示,则序列 $v_1e_4v_4e_7v_5e_8v_6$ 是 v_1 到 v_6 的一条通路;序列 $v_1e_4v_4e_5v_2e_3v_3e_6v_4e_9v_6$ 也是 v_1 到 v_6 的一条通路.

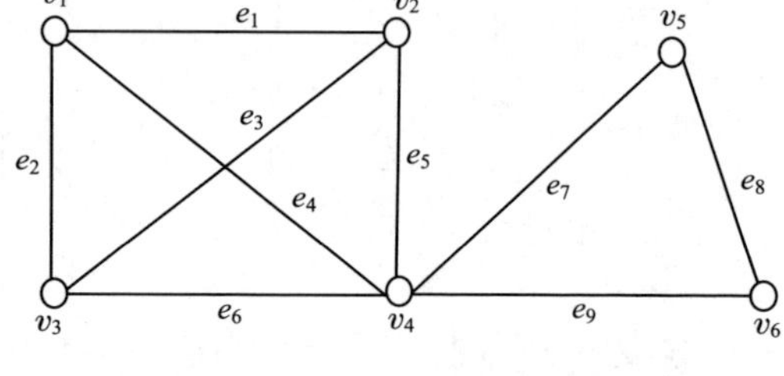

图 6-11 无向图 G

通路的表示:在含有环或平行边的图中表示一条通路时,要写出顶点与边的交替序列,如 $v_0e_1v_1e_2\cdots e_lv_l$. 而在简单图中表示一条通路时,可以省略交替序列中的顶点,只列出表示边的序列. 也可以只列出顶点序列而省略交替序列中的边.

在例 6-5 中,两条从 v_1 到 v_6 的通路可分别写成 $e_4e_7e_8$ 和 $e_4e_5e_3e_6e_9$,也可以分别写成 $v_1v_4v_5v_6$ 和 $v_1v_4v_2v_3v_4v_6$. 一条通路可以多次经过同一个顶点. 例 6-5 中的通路 $v_1e_4v_4e_5v_2e_3v_3e_6v_4e_9v_6$ 两次经过 v_4. 一条通路也可以多次重复某一段路径.

定义 6-25 设 $v_0e_1v_1e_2\cdots e_lv_l$ 是无向图 G 中的一条通路,若通路中的边两两不同,则称该通路为**无向图的简单通路**.

在例 6-5 中,$e_4e_7e_8$ 和 $e_4e_5e_3e_6e_9$ 都是简单通路.

定义 6-26 设 $v_0e_1v_1e_2\cdots e_lv_l$ 是无向图 $\boldsymbol{G}$ 中的一条通路,若通路经过的顶点各不

相同，则称该通路为**初级通路**，有时也称为**路径**.

在例 6-5 中，通路 $v_1e_4v_4e_7v_5e_8v_6$ 是初级通路，该通路经过的顶点 v_1,v_4,v_5,v_6 各不相同. 而通路 $v_1e_4v_4e_5v_2e_3v_3e_6v_4e_9v_6$ 不是初级通路，该通路经过的顶点 v_1,v_4,v_2,v_3,v_4,v_6 中第 2 个顶点与第 5 个顶点相同.

定义 6-27　设 $v_0e_1v_1e_2\cdots e_lv_l$ 是无向图 G 中的一条通路，若 $v_0=v_l$，则称该通路为 v_0 到 v_0 的一条回路.

定义 6-28　设 $v_0e_1v_1e_2\cdots e_lv_l$ 是无向图 G 中的一条回路，若回路中的边两两不同，则称该回路为 v_0 到 v_0 的一条**简单回路**.

定义 6-29　设 $v_0e_1e_2v_1\cdots e_lv_l$ 是无向图 G 中的一条回路，若回路经过的顶点（除 $v_0=v_l$ 外）各不相同，则称该回路为一条**初级回路**，有时也称为**圈**.

通路和回路有如下关系：

初级通路⇒简单通路⇒通路，反之不然；

初级回路⇒简单回路⇒回路，反之不然；

回路⇒通路，简单回路⇒简单通路，初级回路⇒初级通路，反之不然.

定理 6-3　在 n 阶无向图 G 中，若存在从顶点 u 到顶点 v 的通路，则存在长度小于或等于 $n-1$ 的从 u 到 v 的通路.

推论 6-3　在 n 阶无向图 G 中，若存在从顶点 u 到 $v(u\neq v)$ 的通路，则存在长度小于或等于 $n-1$ 的从 u 到 v 的初级通路.

推论 6-4　在 n 阶无向图 G 中，若存在从顶点 u 到自身的回路，则存在长度小于或等于 n 的从 u 到自身的回路.

推论 6-5　在 n 阶无向图 G 中，若存在从顶点 u 到自身的回路，则存在长度小于或等于 n 的从 u 到自身的初级回路.

定义 6-30　设 $G=\langle V,E\rangle$ 是一个无向图，$u,v\in V$，若存在从 u 到 v 的通路，则称 u 与 v 是**连通**的. 特别规定：u 与 u 是连通的，无论是否存在连接 u 的环.

定义 6-31　设 $G=\langle V,E\rangle$ 是一个无向图，若对任意的 $u,v\in V$，u 与 v 是连通的，则称 G 是**连通图**，否则称 G 为**非连通图**.

例如，图 6-12 是连通图，而图 6-13 是非连通图.

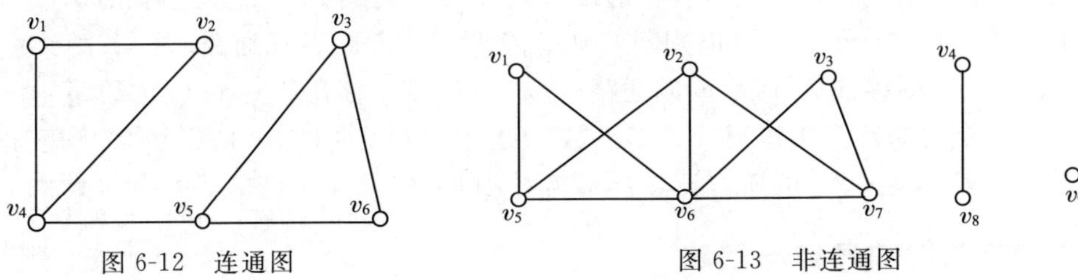

图 6-12　连通图　　　　图 6-13　非连通图

定义 6-32　设 $G=\langle V,E\rangle$ 是一个无向图，$G'=\langle V',E'\rangle$ 是 G 的一个连通的子图，若对

G 的任何连通的子图 $G''=\langle V'',E''\rangle$,$G'$ 都不是 G'' 的真子图,则称 G' 是 G 的一个**连通分支**.

图的连通分支也称作该图的极大的连通子图. 在图 6-13 中,有三个连通分支. 这三个连通分支包含的顶点集分别为 $\{v_1,v_2,v_3,v_5,v_6,v_7\}$,$\{v_4,v_8\}$ 和 $\{v_9\}$.

定义 6-33 设 $G=\langle V,E\rangle$ 是一个无向图,$u,v\in V$,若 u 与 v 连通,则 u 与 v 之间长度最短的通路称为 u 与 v 之间的**短程线**. 短程线的长度(短程线的边数)称为 **u 与 v 之间的距离**,记为 $d(u,v)$. 当 u 与 v 不连通时,规定 $d(u,v)=\infty$.

在图 6-13 中,$d(v_1,v_3)=2$,$d(v_6,v_8)=\infty$.

无向图中计算两顶点间有多少条长为 K 的通路 无向图 G 的邻接矩阵 $\boldsymbol{A}=(a_{ij})_{n\times n}$ 反映了 G 中两个顶点之间有多少条边相连接的状态:若在 v_i 与 v_j 之间有 h 条边相连接,则 $a_{ij}=h$;若 v_i 与 v_j 没有边相连接,则 $a_{ij}=0$.

邻接矩阵的一个重要应用是通过计算 A 的 k 次幂 $\boldsymbol{A}^k=(a_{ij}^k)_{n\times n}$($k$ 为正整数),可求出 G 中两个顶点之间有多少条长为 k 的通路. 在矩阵 $\boldsymbol{A}^k=(a_{ij}^k)_{n\times n}$ 中,元素 a_{ij}^k 的值就是从顶点 v_i 到顶点 v_j 的长为 k 的通路数目.

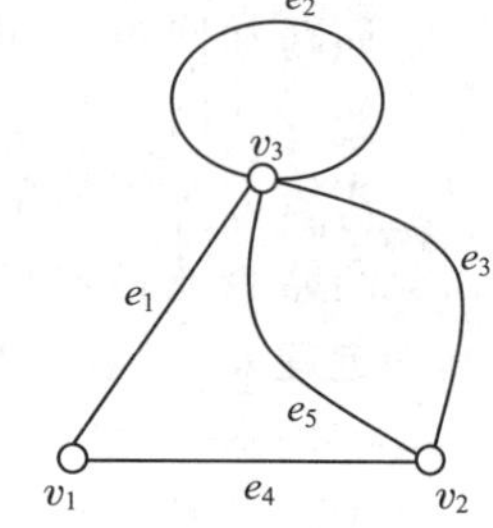

图 6-14 例 6-6 的图

例 6-6 计算图 6-14 中的 v_2 和 v_3 之间长为 1 的通路数,v_3 与 v_1 之间长为 2 的通路数,v_2 与 v_3 之间长为 3 的通路数.

在图 6-14 中,图的邻接矩阵 $\boldsymbol{A}=(a_{ij})=(a_{ij}^1)$,$\boldsymbol{A}^2=(a_{ij}^2)$,$\boldsymbol{A}^3=(a_{ij}^3)$ 分别为

$$\boldsymbol{A}=\begin{pmatrix}0&1&1\\1&0&2\\1&2&1\end{pmatrix},\quad \boldsymbol{A}^2=\begin{pmatrix}2&2&3\\2&5&3\\3&3&6\end{pmatrix},\quad \boldsymbol{A}^3=\begin{pmatrix}5&8&9\\8&8&15\\9&15&15\end{pmatrix},$$

从 $\boldsymbol{A}$ 中的 $a_{23}^1=2$ 可知,v_2 和 v_3 之间有两条长为 1 的通路,分别为 e_3 和 e_5;从 $\boldsymbol{A}^2$ 中的 $a_{31}^2=3$ 可知,v_3 与 v_1 之间有 3 条长为 2 的通路,分别为,e_2-e_1,e_3-e_4,e_5-e_4. 类似地,从 $\boldsymbol{A}^3$ 中的 $a_{23}^3=15$ 可以断定 v_2 与 v_3 之间有 15 条长为 3 的通路. 这里所说的通路包括边可以重复出现的那些通路. 如 $e_3-e_5-e_3$ 是一条 v_2 与 v_3 之间的长为 3 的通路,而 $e_3-e_3-e_3$(即 $v_2e_3v_3e_3v_2e_3v_3$)也是一条 v_2 与 v_3 之间的长为 3 的通路.

判定无向图的两顶点间是否存在通路 设 $\boldsymbol{A}$ 是无向图 G 的邻接矩阵,令 $\boldsymbol{A}^*=\boldsymbol{A}+\boldsymbol{A}^2+\boldsymbol{A}^3+\cdots+\boldsymbol{A}^n$,则通过 $\boldsymbol{A}^*$ 可以判断 G 中任意两点间是否存在通路. 用 a_{ij}^* 表示 $\boldsymbol{A}^*$ 的元素,若 $a_{ij}^*\neq 0$,则存在从 v_i 到 v_j 的通路;若 $a_{ij}^*=0$,则不存在从 v_i 到 v_j 的通路.

判定一个无向图是否连通 设 $G=\langle V,E\rangle$ 是一个无向图,$\boldsymbol{A}$ 是 G 的邻接矩阵,则 G 是连通图当且仅当 $\boldsymbol{A}^*$ 的所有元素都不为 0,其中 $\boldsymbol{A}^*=\boldsymbol{A}+\boldsymbol{A}^2+\boldsymbol{A}^3+\cdots+\boldsymbol{A}^n$.

6.2.2 有向图的通路与回路

定义 6-34 设 $D=\langle V,E\rangle$ 是一个有向图,$v_0e_1v_1e_2\cdots v_{l-1}e_lv_l$ 是图中顶点与边的一

个交替序列，其中，顶点 v_{i-1}，v_i 分别是 e_i 的始点与终点，边 e_i 的终点是边 e_{i+1} 的始点，则称该序列为从 v_0 到 v_l 的一条**通路**. v_0 称为通路的**起点**，v_l 称为通路的**终点**，l 称为通路的**长度**.

例 6-7　图 6-15 中开始于结点 1 结束于结点 3 的通路是：

P_1：(1,2,3)；

P_2：(1,4,3)；

P_3：(1,2,4,3)；

P_4：(1,2,4,1,2,3)；

P_5：(1,2,4,1,4,3)；

P_6：(1,1,1,2,3).

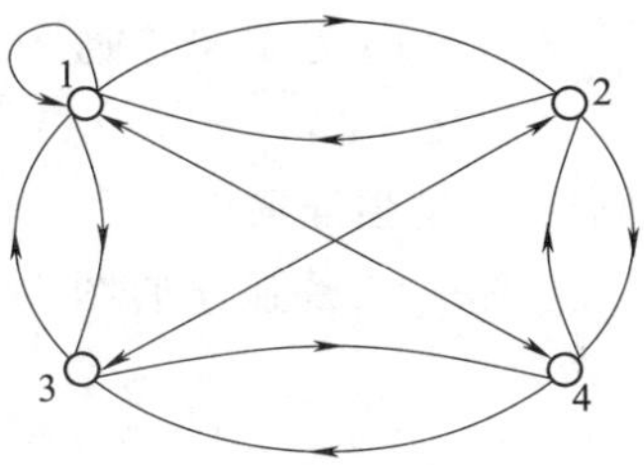

图 6-15　例 6-7 的图

定义 6-35　有向图中各边全不同的通路称为**简单通路**.

定义 6-36　有向图中各点全不同的通路称为**初级通路**.

有向图中一条初级通路一定是简单通路，但一条简单通路不一定是初级通路.

图 6-15 中的通路 P_1，P_2，P_3 均为初级通路，也是简单通路，P_5 是简单通路但不是初级通路，而 P_4，P_6 既不是初级通路也不是简单通路.

定义 6-37　有向图中起始结点与终止结点相同的通路称为**回路**.

定义 6-38　有向图中各边全不同的回路称为**简单回路**.

定义 6-39　有向图中各点全不同的回路称为**初级回路**.

图 6-15 中，有下面的一些回路：

C_1：(1,1)；

C_2：(1,2,1)；

C_3：(1,2,3,1)；

C_4：(1,4,3,1)；

C_5：(1,2,3,2,1)；

C_6：(1,2,3,2,3,1).

上述 6 个回路中 C_1，C_2，C_3，C_4 均为初级回路也是简单回路. C_5 为简单回路但不是初级回路，而 C_6 则既不是初级回路也不是简单回路.

定义 6-40　设 $D=\langle V,E\rangle$ 是一个有向图，$u,v\in V$，若存在从 u 到 v 的通路，则称从 u 到 v 是**可达**的，记为 $u\rightarrow v$. 特别规定：从 u 到 u 总是可达的（无论是否存在连接 u 的环）. 若 $u\rightarrow v$ 且 $v\rightarrow u$，则称 u 与 v 是**相互可达**的，记为 $u\leftrightarrow v$.

在图 6-16 中，v_1 与 v_3 是相互可达的.

定义 6-41　设 $D=\langle V,E\rangle$ 是一个有向图，忽略有向边的方向所得到的无向图称为该**有向图的基图**.

定义 6-42　设 $D=\langle V,E\rangle$ 是一个有向图，若 D 的基图是（无向）连通图，则称 D 为

弱连通图,简称**连通图**.

图 6-17 是弱连通图.

定义 6-43 设 $D=\langle V,E\rangle$ 是一个有向图,若对图中任意两个顶点 u 和 v,都有 $u\rightarrow v$ 或 $v\rightarrow u$ 成立,则称 D 是**单向连通**的.

图 6-18 是单向连通图.

定义 6-44 设 $D=\langle V,E\rangle$ 是一个有向图,若 D 中任意两个顶点都是相互可达的,则称 D 是**强连通图**.

图 6-16 是强连通图.

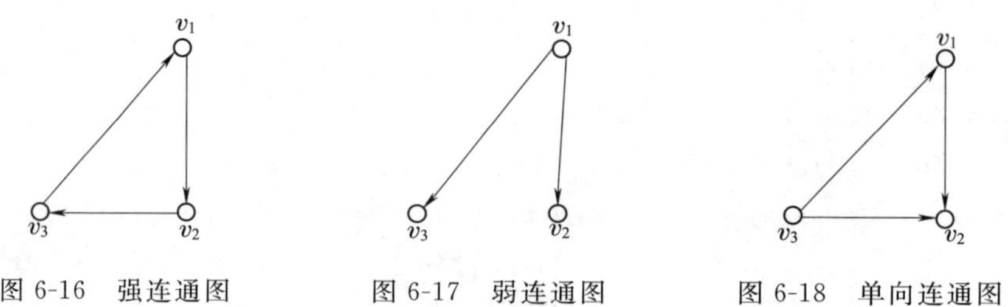

图 6-16 强连通图　　图 6-17 弱连通图　　图 6-18 单向连通图

注意:强连通图⇒单向连图⇒弱连通图(或连通图),反之不然.

计算有向图中两顶点间有多少条长为 k 的通路 通过计算有向图 D 的邻接矩阵 $\boldsymbol{A}=(a_{ij})_{n\times n}$ 的 k 次幂 $\boldsymbol{A}^k=(a_{ij}^k)_{n\times n}$($k$ 为正整数),可以判定 D 中有多少条从 v_i 到 v_j 的长为 k 的通路. 在矩阵 $\boldsymbol{A}^k=(a_{ij}^k)_{n\times n}$ 中,元素 a_{ij}^k 的值就是从 v_i 到 v_j 的长为 k 的通路数目.

例 6-8 设有向图 $D=\langle V,E\rangle$ 如图 6-19 所示,用 $\boldsymbol{C}$ 表示 D 的邻接矩阵,则

$$\boldsymbol{C}=\begin{pmatrix}0&2&1&0\\0&0&1&0\\0&0&0&1\\0&0&1&1\end{pmatrix}.$$

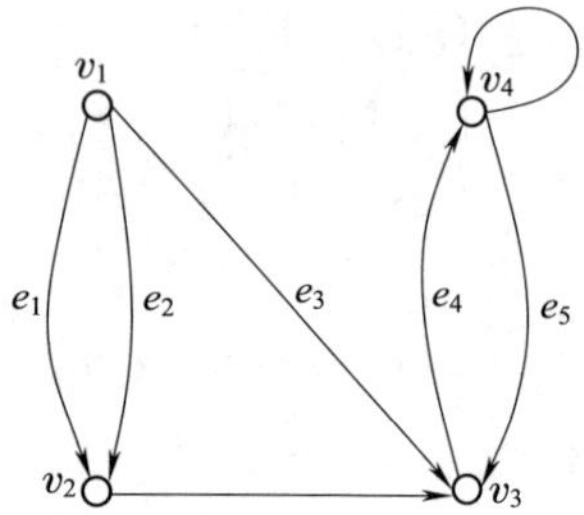

图 6-19 有向图 D

前面已经计算出图 6-19 所示的有向图 D 的邻接矩阵 $\boldsymbol{C}$,下面给出 $\boldsymbol{C}^2,\boldsymbol{C}^3,\boldsymbol{C}^4$.

$$\boldsymbol{C}^2=\begin{pmatrix}0&0&2&1\\0&0&0&1\\0&0&1&1\\0&0&1&2\end{pmatrix},\quad \boldsymbol{C}^3=\begin{pmatrix}0&0&1&3\\0&0&1&1\\0&0&1&2\\0&0&2&3\end{pmatrix},\quad \boldsymbol{C}^4=\begin{pmatrix}0&0&3&4\\0&0&1&2\\0&0&2&3\\0&0&3&5\end{pmatrix}.$$

$\boldsymbol{C}=(c_{ij})_{4\times4}=(c_{ij}^1)_{4\times4},\boldsymbol{C}^2=(c_{ij}^2)_{4\times4},\boldsymbol{C}^3=(c_{ij}^3)_{4\times4},\boldsymbol{C}^4=(c_{ij}^4)_{4\times4}$,从中能够看出,$D$ 中两个顶点 v_2 到 v_4 之间长度为 1, 2, 3 和 4 的通路分别为 0,1,1,2 条. v_4 到自身

长度为 1,2,3,4 的回路分别为 1,2,3,5 条,其中有复杂回路. D 中长度小于或等于 4 的通路有 53 条,其中有 15 条为回路.

判定有向图的两顶点间是否可达　设 $\boldsymbol{A}$ 是有向图 D 的邻接矩阵,则通过 $\boldsymbol{A}^*=\boldsymbol{A}+\boldsymbol{A}^2+\boldsymbol{A}^3+\cdots+\boldsymbol{A}^n$ 可以判断图 D 中任意两个顶点 v_i 和 v_j 是否相互可达. 用 a_{ij}^* 表示 $\boldsymbol{A}^*$ 的元素,若 $a_{ij}^*\neq 0$,则说明从 v_i 到 v_j 是可达的;若 $a_{ij}^*=0$,则说明从 v_i 到 v_j 是不可达的. 若 $a_{ij}^*\neq 0$ 且 $a_{ji}^*\neq 0$,则说明 v_i 和 v_j 相互可达.

在例 6-8 中,

$$\boldsymbol{C}^*=\boldsymbol{C}+\boldsymbol{C}^2+\boldsymbol{C}^3+\boldsymbol{C}^4=\begin{pmatrix}0&2&7&8\\0&0&3&4\\0&0&4&7\\0&0&7&11\end{pmatrix}.$$

从矩阵 $\boldsymbol{C}^*$ 中的元素可以看出,在图 6-19 中并不是所有的顶点都相互可达. 例如,$c_{11}^*=0$ 说明从 v_1 到 v_1 没有有通(回)路. 这是由于 $c_{11}^*=c_{11}+c_{11}^2+c_{11}^3+c_{11}^4$,由 $c_{11}=0,c_{11}^2=0,c_{11}^3=0,c_{11}^4=0$ 可知. 同理,$c_{12}^*=2$ 说明从 v_1 到 v_2 有两条长度不超过 4 的通(回)路. 这是由于 $c_{12}^*=c_{12}+c_{12}^2+c_{12}^3+c_{12}^4$,由 $c_{12}=2,c_{12}^2=0,c_{12}^3=0,c_{12}^4=0$,可知,从 v_1 到 v_2 有长为 1 的通(回)路两条,没有长为 2,长为 3 和长为 4 的通(回)路.

由于在讨论可达性时所感兴趣的仅仅是从 v_i 到 v_j 是否有通路而不关心通路的数量,故可对矩阵 $\boldsymbol{C}^*$ 进行适当改造,设置一矩阵

$$\boldsymbol{P}=(p_{ij})_{n\times n},$$

当 $c_{ij}=0$ 时则令 $p_{ij}=0$,当 $c_{ij}\neq 0$ 时则令 $p_{ij}=1$,这个矩阵 $\boldsymbol{P}$ 反映了图 G 的各结点间的可达性,故称为 G 的**可达性矩阵**或**通路矩阵**.

一个图 G 的可达性矩阵给出了图中各结点间是否可达以及图中是否有回路.

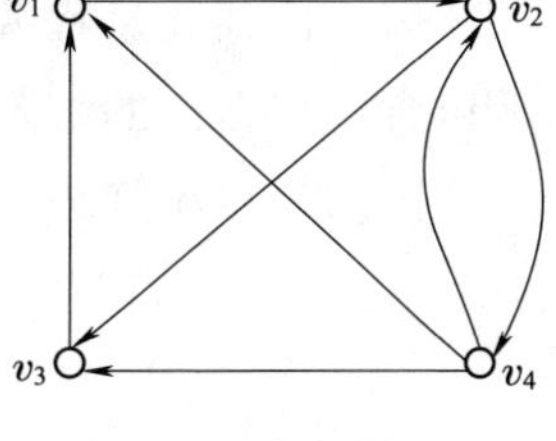

图 6-20　有向图 G

例 6-9　求图 6-20 中 $G=\langle V,E\rangle$ 的可达性矩阵,其中:

$V=\{v_1,v_2,v_3,v_4\}$,

$E=\{(v_1,v_2),(v_2,v_3),(v_2,v_4),(v_3,v_2),(v_3,v_4),(v_3,v_1),(v_4,v_1)\}$.

解　其邻接矩阵为

$$\boldsymbol{C}=\begin{pmatrix}0&1&0&0\\0&0&1&1\\1&1&0&1\\1&0&0&0\end{pmatrix},\boldsymbol{C}^2=\begin{pmatrix}0&0&1&1\\2&1&0&1\\1&1&1&1\\0&1&0&0\end{pmatrix},$$

$$C^3=\begin{pmatrix}2&1&0&1\\1&2&1&1\\2&2&1&2\\0&0&1&1\end{pmatrix},C^4=\begin{pmatrix}1&2&1&1\\2&2&2&3\\3&3&2&3\\2&1&0&1\end{pmatrix},$$

$$C^*=\begin{pmatrix}3&4&2&3\\5&5&4&6\\7&7&4&7\\3&2&1&2\end{pmatrix},P=\begin{pmatrix}1&1&1&1\\1&1&1&1\\1&1&1&1\\1&1&1&1\end{pmatrix}.$$

由此可达矩阵可知,图 6-20 的任意两结点均可达,并且每个结点均有回路通过.

但是,由 C^* 得到可达性矩阵的计算方法比较复杂,这主要是由于 C^* 的计算方法比较复杂,下面介绍一种较为简单的计算方法.

如果一个矩阵的元素均为 0 或 1,矩阵运算中数的加法与乘法均对应于布尔加与布尔乘,此种矩阵运算称为**布尔矩阵运算**,在此种意义下,有

$$P=A(+)A^{(2)}(+)A^{(3)}(+)A^{(4)}(+)\cdots(+)A^{(n)},$$

其中,$A^{(i)}$ 表示在布尔矩阵运算意义下 A 的 i 次幂,(+)也表示在布尔矩阵意义下矩阵的加法运算符.

例 6-10 求图 6-21 中所表示的过程调用关系中是否存在递归调用.

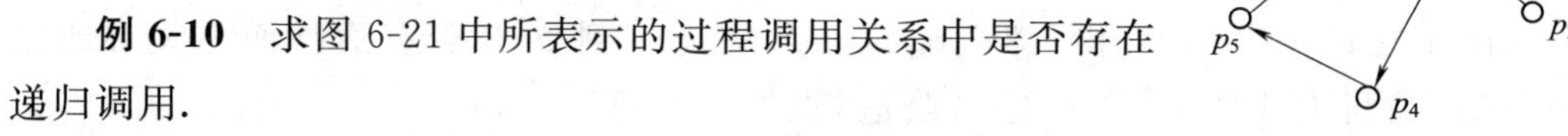

图 6-21 例 6-10 的图

解 已知在过程调用中,某个过程是递归的充分必要条件是包含过程在内的结点构成一个回路. 利用可达性矩阵寻找是否存在回路.

图的邻接矩阵为

$$C=\begin{pmatrix}0&1&0&0&0\\0&0&0&1&0\\1&0&0&0&0\\0&0&0&0&1\\0&1&0&0&0\end{pmatrix},$$

$$C^{(2)}=\begin{pmatrix}0&0&0&1&0\\0&0&0&0&1\\0&1&0&0&0\\0&1&0&0&0\\0&0&0&1&0\end{pmatrix},C^{(3)}=\begin{pmatrix}0&0&0&0&1\\0&1&0&0&0\\0&0&0&1&0\\0&0&0&1&0\\0&0&0&0&1\end{pmatrix},$$

$$C^{(4)}=\begin{pmatrix}0&1&0&0&0\\0&0&0&1&0\\0&0&0&0&1\\0&0&0&0&1\\0&1&0&0&0\end{pmatrix},\ C^{(5)}=\begin{pmatrix}0&0&0&1&0\\0&0&0&0&1\\0&1&0&0&0\\0&1&0&0&0\\0&0&0&1&0\end{pmatrix},$$

$$P=C(+)C^{(2)}(+)C^{(3)}(+)C^{(4)}(+)C^{(5)}=\begin{pmatrix}0&1&0&1&1\\0&1&0&1&1\\1&1&0&1&1\\0&1&0&1&1\\0&1&0&1&1\end{pmatrix}.$$

由此可达性矩阵的对角线元素可知

$$P_{22}=P_{44}=P_{55}=1,$$

即 P_2,P_4,P_5 这三个过程均会产生递归调用的现象.

判定一个有向图是否为强连通图　设 $G=\langle V,E\rangle$ 是一个有向图,$\boldsymbol{A}$ 是 G 的邻接矩阵,则 G 是强连通图当且仅当 $\boldsymbol{A}^*$ 的所有元素都不为 0,其中,$\boldsymbol{A}^*=\boldsymbol{A}+\boldsymbol{A}^2+\boldsymbol{A}^3+\cdots+\boldsymbol{A}^n$.

由例 6-9 所计算的邻接矩阵可知,$\boldsymbol{C}^*$ 中的元素都不为 0,这表示图 6-20 中的任意两个顶点之间都是相互可达的,所以该图是强连通图.

§6.3　特　殊　图

6.3.1　欧拉图

定义 6-45　设 $G=\langle V,E\rangle$ 是一个没有孤立点的无向图,则通过 G 中每条边一次且仅一次的通路称为**欧拉通路**.

例如,在图 6-22 中存在欧拉通路 $e_6-e_5-e_4-e_2-e_1-e_3$;在图 6-23 中存在欧拉通路 $e_7-e_6-e_5-e_4-e_2-e_1-e_3$.

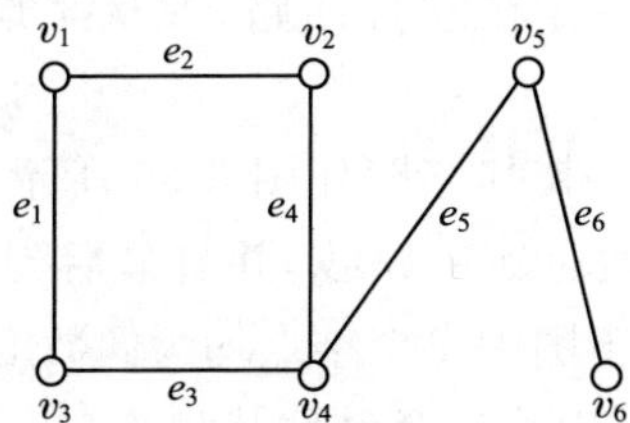

图 6-22　欧拉通路 1

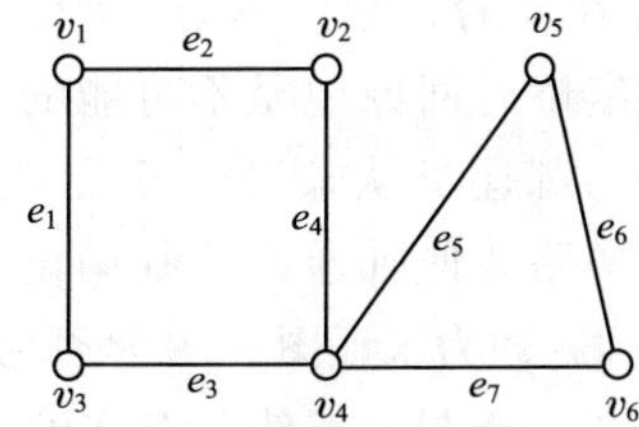

图 6-23　欧拉通路 2

定义 6-46 设$G=\langle V,E\rangle$是一个没有孤立点的无向图，则通过G中每条边一次且仅一次的回路称为**欧拉回路**.

在图 6-23 中，$v_1-v_2-v_4-v_5-v_6-v_4-v_3-v_1$ 是一条欧拉回路. 在图 6-22 中，不存在欧拉回路.

注意:(1)在欧拉通路或欧拉回路中边不能重复但顶点可以重复.

(2)由于在欧拉通路或欧拉回路中包含了图的所有边且图中没有孤立点，所以一定包含了图的所有顶点. 因此，存在欧拉通路或欧拉回路的图一定是连通图.

定义 6-47 具有欧拉回路的图称为**欧拉图**.

图 6-24 是欧拉图，图 6-25 不是欧拉图.

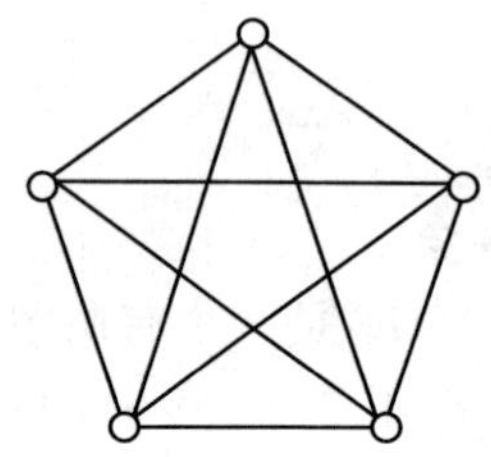

图 6-24 欧拉图

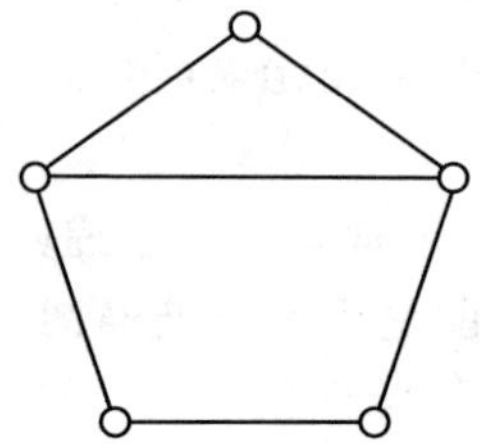

图 6-25 非欧拉图

定理 6-4(欧拉图判定法则) 设$G=\langle V,E\rangle$是一个没有孤立点的无向连通图，则G是欧拉图当且仅当G中的每个顶点都是偶数度.

由定理 6-4 知，图 6-26 和图 6-27 都是欧拉图；而图 6-28 不是欧拉图，因为有的顶点度数是奇数.

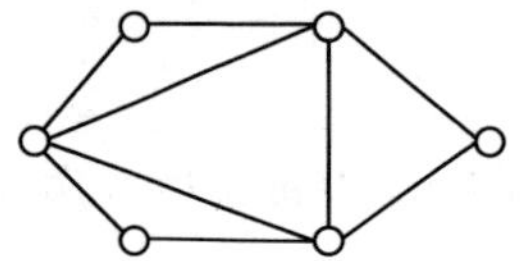

图 6-26 欧拉图 1

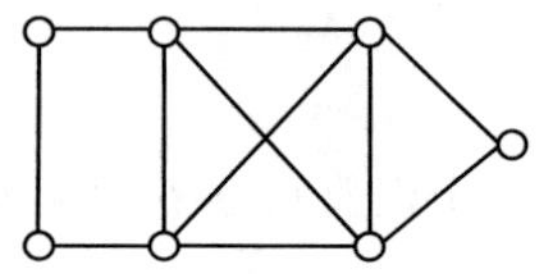

图 6-27 欧拉图 2

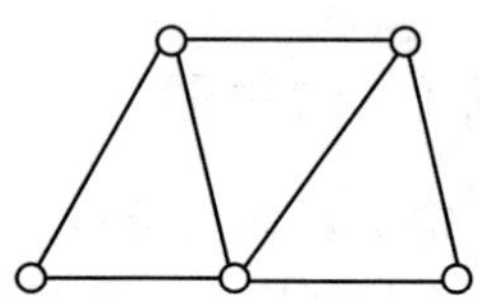

图 6-28 非欧拉图

有了定理 6-4，哥尼斯堡七桥问题就迎刃而解了. 因为模拟哥尼斯堡七桥问题的图 6-29 中存在度为奇数的顶点，所以图 6-29 中不存在欧拉回路，即从某地出发不重复地走完七座桥返回原地是不可能的.

例 6-11 邮递员从邮局出发沿邮路投递信件，其邮路图如图 6-30 所示，试问是否存在一条投递路线使邮递员从邮局出发，不重复通过所有路线，并且最后到邮局.

解 此问题即为求证图 6-30 是否为欧拉图，由于图中每个结点均为偶数度，故由定理 6-4 可知这样的一条投递路线是存在的，实际上还可以将这条路线找出来，它可以是 $v_1-v_5-v_{11}-v_7-v_{12}-v_8-v_{10}-v_6-v_9-v_{11}-v_{12}-v_{10}-v_9-v_5-v_2-v_6-v_4-v_8-v_3-v_7-v_1$.

例 6-12　洒水车从 a 点出发执行洒水任务，城市街道图形如图 6-31 所示，试问是否存在一条洒水路线使洒水车从 a 点出发，不重复通过所有街道，而最后回到车库 b 里.

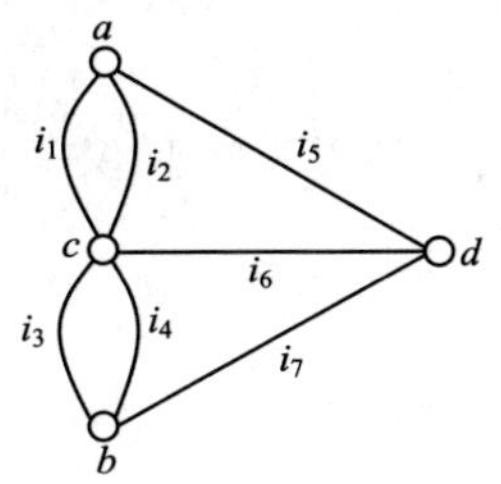

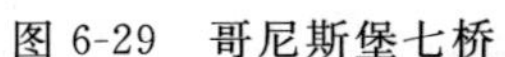
图 6-29　哥尼斯堡七桥

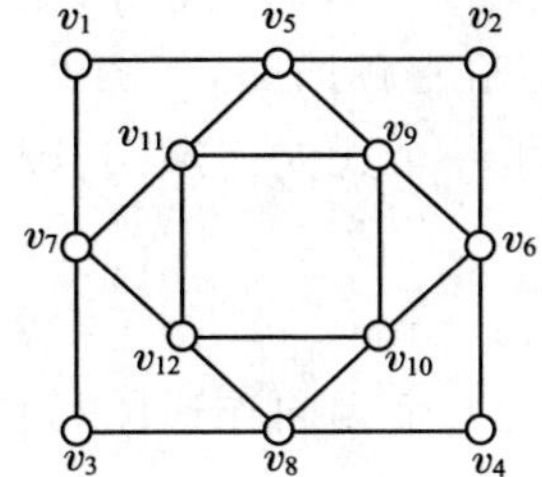

图 6-30　邮递员投递信件之邮路

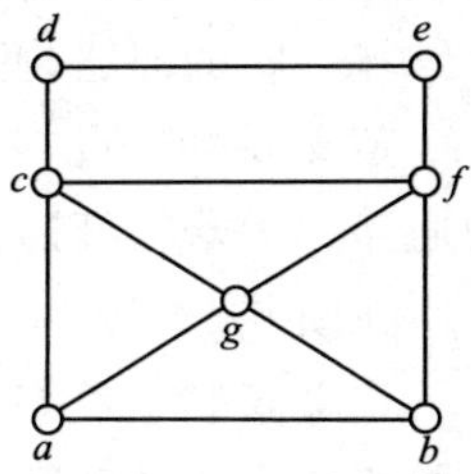

图 6-31　城市街道图

解　此问题即为求证图 6-31 是否存在 a 到 b 的欧拉通路. 由于图中每个结点除了 a，b 结点以外的其他结点均为偶数度，故由定理 6-4 可知这样的一条洒水路线是存在的，实际上还可以将这条路线找出来，它可以是

$$a-c-d-e-f-b-g-c-f-g-a-b.$$

例 6-13　判定图 6-32 中的四个图形是否可以一笔连续画成而使图中没有一部分重复.

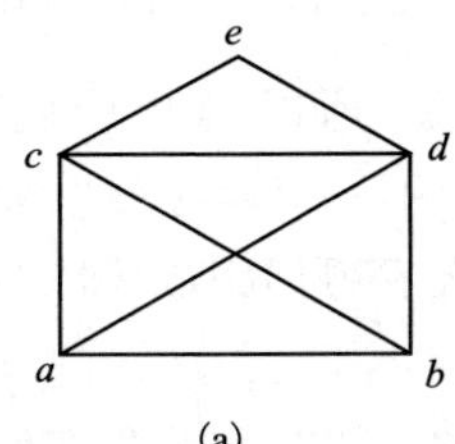

(a)

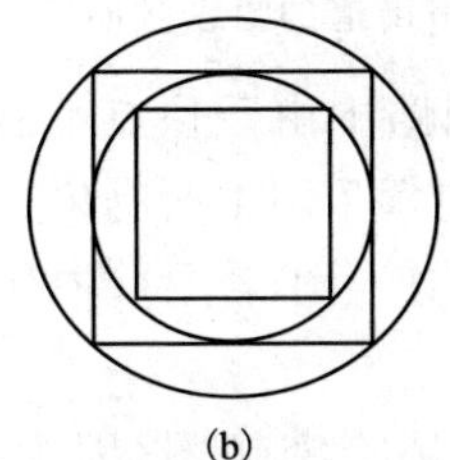
(b)

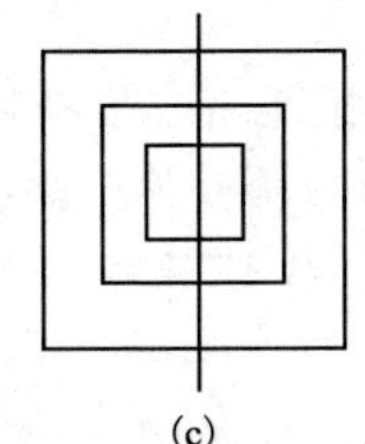
(c)

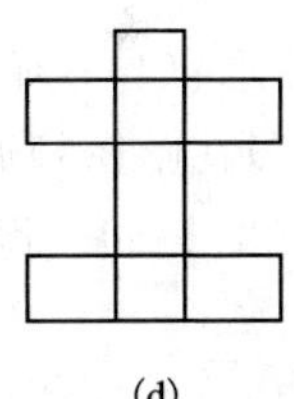
(d)

图 6-32　一笔画图形

解　图 6-32(a)中 a，b 两点为奇数度，其余结点均为偶数度，故从 a 开始画起存在一条连续路径可一笔画至 b 点结束，其具体路径为 $acedbcdab$. 图 6-32(b)、图 6-32(c)和图 6-32(d)同样存在类似情况，它们也均可以一笔连续画成，这主要由于图 6-32(b)是欧拉回路，图 6-32(c)和图 6-32(d)是欧拉通路.

6.3.2　哈密顿图

与欧拉回路和欧拉通路类似，还存在另一种回路与通路叫哈密顿回路与哈密顿通路. 欧拉回路与欧拉通路是简单的，但哈密顿回路与哈密顿通路要求是初级的.

为说明哈密顿回路,我们再举一例.设有某城市,其街道图如图 6-33 所示,为美化市容于各三岔路口分别设置富有特色的街心花园,并装有千姿百态的各种雕像而使城市容貌大变,从而闻名于世,引起游客蜂拥而至.设有一批游客从某三岔口的旅馆出发希望跑遍每个街心花园而不重复且最后返回旅馆.这个问题即是寻找一条通过图中每个结点一次的回路,此回路即是哈密顿回路,如图 6-34 所示.

定义 6-48 设 $G=\langle V,E\rangle$ 是一个无向连通图,则通过 G 中每个顶点一次且仅一次的通路称为**哈密顿通路**.

在图 6-23 中,$v_2-v_1-v_3-v_4-v_6-v_5$ 是一条**哈密顿通路**.

定义 6-49 设 $G=\langle V,E\rangle$ 是一个无向连通图,则通过 G 中每个顶点一次且仅一次的回路称为**哈密顿回路**.

在图 6-35 中,$v_1-v_2-v_6-v_3-v_5-v_4-v_1$ 是一条哈密顿回路.

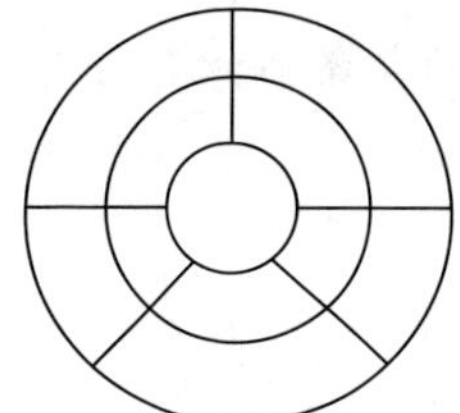
图 6-33 城市街道图

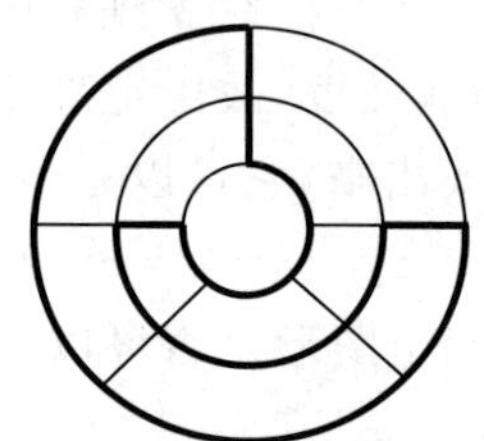
图 6-34 城市街道的哈密顿回路

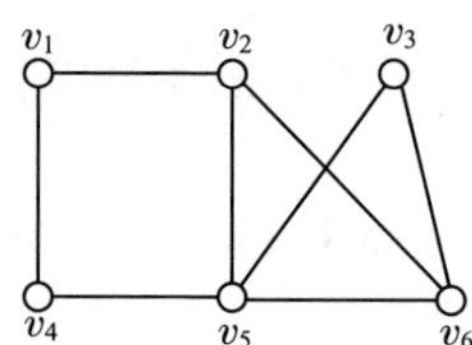

图 6-35 哈密顿回路

注意:(1)在哈密顿通路或哈密顿回路中由于顶点不能重复,所以边也不能重复.

(2)在哈密顿通路或哈密顿回路中包含了图中所有顶点,但不一定包含图中所有边.

定义 6-50 设 $G=\langle V,E\rangle$ 是一个无向连通图,若图 G 中存在哈密顿回路,则称 G 是**哈密顿图**.

图 6-35 是哈密顿图;而图 6-23 不是哈密顿图,因为在图 6-23 中不存在哈密顿回路.

定理 6-5(哈密顿通路判定法则) 设 $G=\langle V,E\rangle$ 是一个 $n(n\geqslant 2)$ 阶无向简单图,若 G 中任意两个不相邻的顶点 v_i 和 v_j,都有 $d(v_i)+d(v_j)\geqslant n-1$,则 G 中存在哈密顿通路.

定理 6-6(哈密顿图判定法则) 设 $G=\langle V,E\rangle$ 是一个 $n(n\geqslant 2)$ 阶无向简单图,若对于 G 中任意两个不相邻的顶点 v_i 和 v_j,都有 $d(v_i)+d(v_j)\geqslant n$,则在 G 中存在哈密顿回路,从而 G 是哈密顿图.

注意:定理 6-5 和定理 6-6 是哈密通路和哈密回路存在的充分条件,而不是必要条件.

哈密顿回路的一个应用是推销员问题,设某推销员为推销商品,需要跑遍各大城市且不重复,而最后返回原地,需要找到一条总距离最短的路线.可以用结点表示城市，用边表示城市间的交通路线，用附加于边的权表示城市间交通路线的距离. 这样，上述问题可以归结为寻找一条权的总和最小的哈密顿回路.

小　结

一、本章主要知识点

(1)无向图的概念，通路与回路及矩阵表示；

(2)有向图的概念，通路与回路及矩阵表示；

(3)欧拉图与哈密顿图.

二、本章教学重点

(1)无向图的概念，通路与回路及矩阵表示；

(2)欧拉图与哈密顿图.

三、本章教学难点

有向图的概念，通路与回路及矩阵表示.

习　题

一、填空题

1. 一个 n 阶完全图中边的数目为________，一个 6 阶完全图中边的数目为________.

2. 无向图 G 具有一条欧拉通路，当且仅当 G 是连通图，且仅有零个或两个________度结点.

3. 无向图 G 具有一条欧拉回路，当且仅当 G 是连通图，并且所有结点的度数都是________.

4. 通过 G 中每个顶点一次且仅一次的通路称为________.

5. 若无向图中的一条边关联的两个顶点重合，则称该边为________.

6. 通过图 G 中每条边一次且仅一次的回路称为________.

7. 既不含平行边也不含环的无向图称为________.

8. 通过 G 中每个顶点一次且仅一次的回路称为________ .

二、选择题

1. 设无向图中有 6 条边，有一个 3 度顶点和一个 5 度顶点，其余顶点度为 2，则该图的顶点数是(　　).

A. 3　　B. 4　　C. 5　　D. 6

2. 一个连通平面图 G 有 10 条边，G 中度为 1 的顶点有 2 个，其余是度为 6 的顶点,则 G 中共有(　　)个顶点.

A. 9　　B. 6　　C. 7　　D. 5

3. 无向图 G 中有 16 条边,且每个结点的度数均为 2,则结点数是(　　).

A. 8　　B. 16　　C. 4　　D. 32

4. 设无向图 G 有 10 条边,2 个度为 4 的顶点,2 个度为 3 的顶点,其余顶点度为 2,则 G 的顶点总数为(　　).

A. 9　　B. 6　　C. 7　　D. 8

5. 设无向图 G 有 10 条边,2 个度为 4 的顶点,1 个度为 6 的顶点,其余顶点度为 2,则 G 的顶点总数为(　　).

A. 9　　B. 6　　C. 4　　D. 8

6. 下面既是哈密顿图又是欧拉图的图形是(　　).

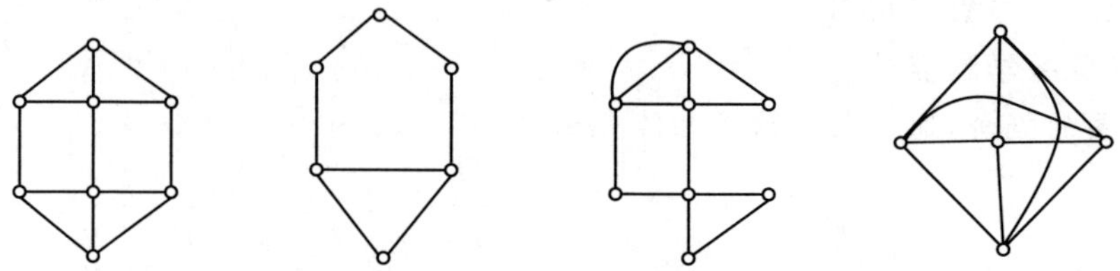

A　　B　　C　　D

7. 下列各图中既是欧拉图,又是哈密顿图的是(　　).

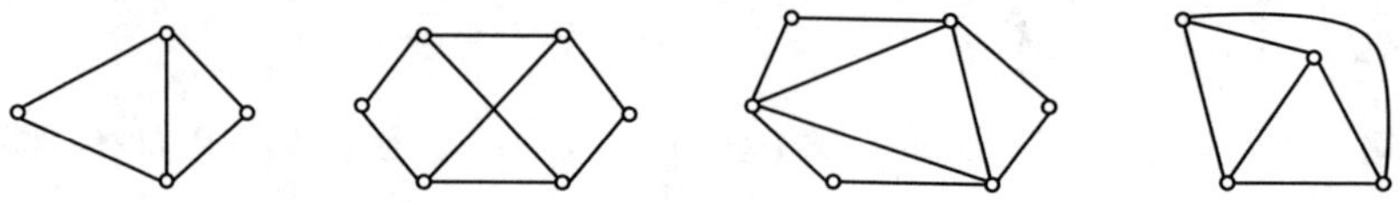

A　　B　　C　　D

8. 下面是欧拉图的是(　　).

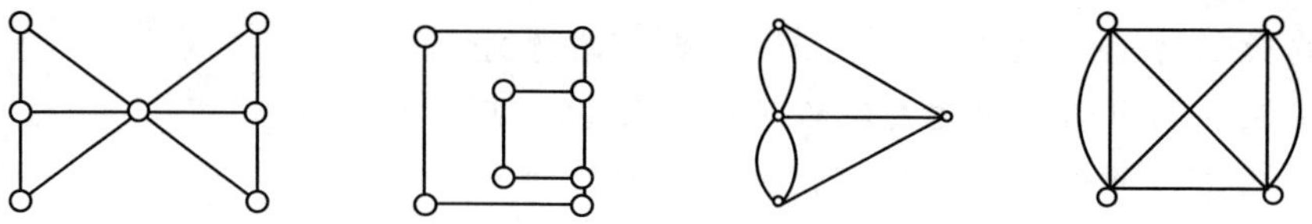

A　　B　　C　　D

9. 下面不可以一笔画出的图是(　　).

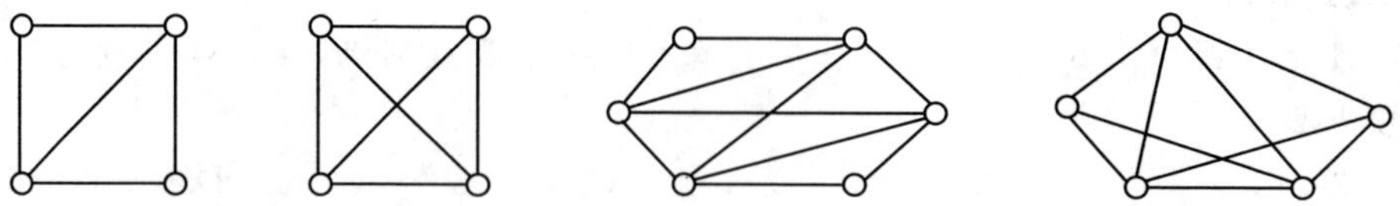

A　　B　　C　　D

10. 下面是强连通图的是(　　).

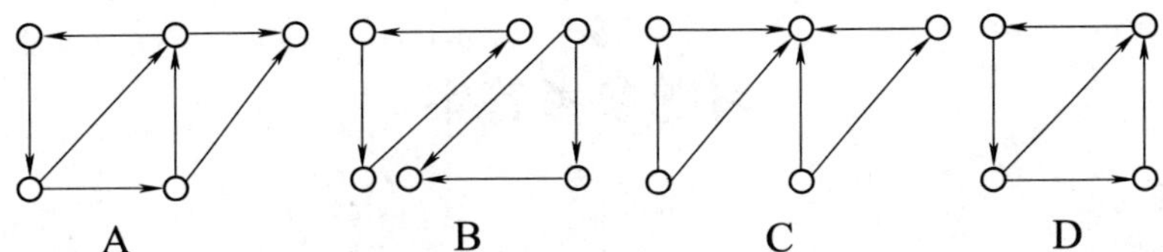

三、综合题

1. 写出图 6-36 所示无向图的邻接矩阵,并计算图中长度为 2 的回路总数.

2. 设有向图 $G=(V,E)$ 如图 6-37 所示,试用邻接矩阵方法求长度为 2 的通路总数,长度为 2 的回路总数,v_2 到 v_1 长度为 2 的通路数.

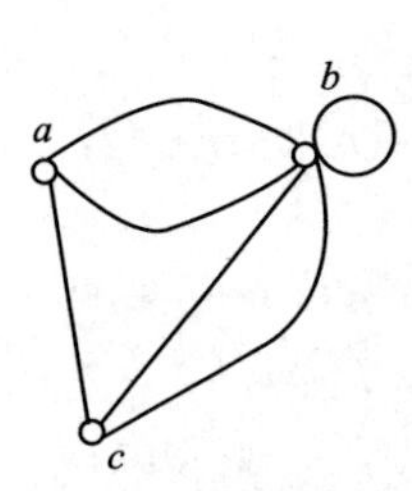

图 6-36　题 1 用图

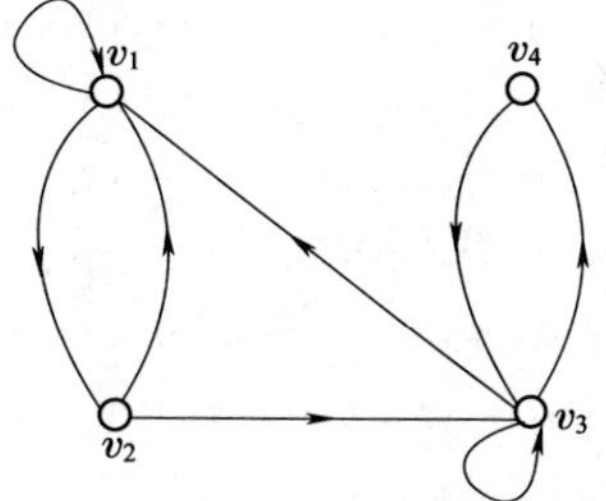

图 6-37　题 2 用图

3. 有向图 D 如图 6-38 所示.

(1)D 中 v_1 到 v_4 长度为 1,2,3,4 的通路各为几条?

(2)D 中 v_1 到 v_1 长度为 1,2,3,4 的回路各为几条?

(3)D 中长度为 4 的通路(不含回路)有多少条?长度为 4 的回路为多少条?

(4)D 中长度小于或等于 4 的通路为多少条?其中有多少条为回路?

(5)写出 D 的可达矩阵.

4. 写出图 6-39 所示有向图的邻接矩阵 $\boldsymbol{M}$,并通过计算 $\boldsymbol{M}^2$ 求出图中长度为 2 的通路总数.

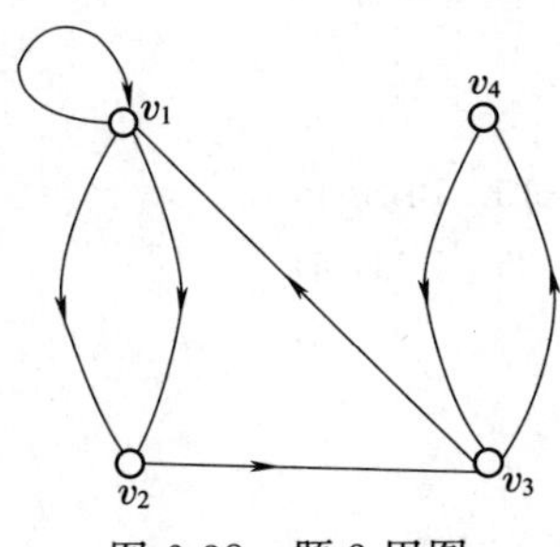

图 6-38　题 3 用图

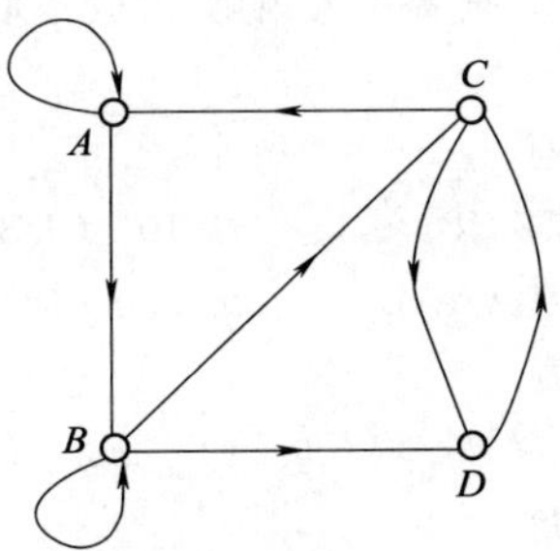

图 6-39　题 4 用图

习题参考答案

第 2 章

一、填空题

1. 原子命题或简单命题；　2. 析取联结词；　3. 合取联结词；　4. 同真假联结词；

5. 蕴涵联结词；　6. 否定联结词；　7. 合取联结词；　8. 析取联结词；

9. $p\to q$；　10. $p\to q$；　11. $q\to p$ 或 $\neg p\to\neg q$；

12. $p\to q$；　13. $p\vee q$；　14. $p\wedge q$；

15. $q,r,w,\neg q,w\to q,(w\to q)\to r,((w\to q)\to r)\leftrightarrow\neg q$；

16. $m,p,q,t,r,\neg q,p\to\neg q,t\wedge r,(t\wedge r)\vee m,(p\to\neg q)\leftrightarrow((t\wedge r)\vee m)$；

17. $p,q,r,t,w,\neg p,\neg r,\neg p\vee q,\neg r\wedge w,t\to(\neg r\wedge w),(\neg p\vee q)\to(t\to(\neg r\wedge w))$；

18. $p,q,r,t,\neg q,\neg r,p\vee\neg q,t\wedge\neg r,(p\vee\neg q)\to(t\wedge\neg r)$；

19. $p,q,r,s,t,\neg p,\neg r,\neg p\to q,r\to t,(\neg p\to q)\vee\neg r,((\neg p\to q)\vee\neg r)\wedge s,(((\neg p\to q)\vee\neg r)\wedge s)\wedge(r\to t)$；

20. $p,q,r,s,t,\neg t,p\vee q,r\vee\neg t,\neg s\wedge(r\vee\neg t),((p\vee q)\leftrightarrow\neg s\wedge(r\vee\neg t)$；

21. 4；　22. 3；　23. 4；　24. 4；

25. 5；　26. 0；　27. 1；　28. 01,10；

29. 01,10；　30. 01,10　31. 重言式；　32. 重言式；

33. 可满足式；　34. 重言式；　35. 结合律,排中律；

36. 合取范式；　37. 极小项,2^n；　38. 极大项；

39. 0；　40. $M_1\wedge M_2\wedge M_4\wedge M_5\wedge M_7,m_0\vee m_3\vee m_6$；

41. $M_2\wedge M_3\wedge M_6\wedge M_7,m_0\vee m_1\vee m_4\vee m_5$；

42. $M_{000}\wedge M_{011}\wedge M_{100}$；　43. $m_{000}\vee m_{100}\vee m_{110}\vee m_{111}$；

44. 010、011、101,000、001、100、110、111；　45. 010、100、101,000、001、011、110、111；

46. 附加前提引入,①②析取三段论,③④拒取式,⑤⑥析取三段论,①⑦假言推理；

47. 附加前提引入,①②析取三段论,④蕴涵—析取等值式,③⑤析取三段论,⑥⑦析取三段论；

48. ①化简,前提引入规则,②③拒取式规则,④⑤拒取式规则,①化简,⑦置换,⑥⑧析取三段论.

二、选择题

1—5　ADCCB　6—10　CDBBD　11—15　BBBAB　16—20　ACACD

21—25　DAAAB　26—30　DCBAA　31—35　BADDD

三、判断题

1—5　×√×√√　6—10　√××√√

四、综合题

1. (1)设 p:李明是百米冠军. q:李明是跳远冠军. 则原命题可表示为 $p\wedge q$.

(2)设 p:选小王当班长.q:选小李当班长.则原命题可表示为$(p\wedge\neg q)\vee(\neg p\wedge q)$.这里的或是不兼容或.

(3)设 p:布朗是大学生.q:乔治是大学生.则原命题可表示为 $p\wedge q$.

(4)设 p:卡特和马可是同学.则原命题可表示为 p.

(5)设 p:今天是星期六.则原命题可表示为$\neg p$.

(6)设 p:天下雪.q:我骑自行车上班.则原命题可表示为$\neg p\to q$.

2.(1)设 p:黄青婷会唱歌.q:黄青婷会跳舞.r:黄青婷打羽毛球很棒.则原命题可表示为$\neg p\wedge\neg q\wedge r$.

(2)设 p:8 能被 2 整除.q:8 能被 6 整除.则原命题可表示为$\neg p\to\neg q$.

(3)设 p:今天是星期五.q:今天是五月一日.则原命题可表示为$\neg p\to\neg q$.

(4)设 p:两个三角形全等.q:两个三角形的三条边对应相等.则原命题可表示为 $p\leftrightarrow q$.

(5)设 p:$2<1$.q:$2<-1$.则原命题可表示为 $p\to q$.

(6)设 p:天气冷.q:我穿了棉衣.则原命题可表示为 $p\to q$.

(7)设 p:徐丽园出生于 1982 年 6 月.q:徐丽园是女性.r:徐丽园身高 1.62 m.s:徐丽园是广东人.则原命题可表示为 $p\wedge q\wedge r\wedge s$.

(8)设 p:他乘飞机去上海.q:他能赶上世博会开幕.r:他乘火车去上海.则原命题可表示为$(p\to q)\wedge(r\to\neg q)$.

3.(1)

p	q	$\neg p$	$\neg q$	$q\to p$	$p\vee\neg q$	$(q\to p)\to(p\vee\neg q)$	$((q\to p)\to(p\vee\neg q))\leftrightarrow\neg p$
0	0	1	1	1	1	1	1
0	1	1	0	0	0	1	1
1	0	0	1	1	1	1	0
1	1	0	0	1	1	1	0

(2)

p	q	r	$\neg r$	$p\vee q$	$p\vee q\vee\neg r$	$p\to(p\vee q\vee\neg r)$
0	0	0	1	0	1	1
0	0	1	0	0	0	1
0	1	0	1	1	1	1
0	1	1	0	1	1	1
1	0	0	1	1	1	1
1	0	1	0	1	1	1
1	1	0	1	1	1	1
1	1	1	0	1	1	1

(3)

p	r	w	$\neg r$	$\neg r \vee w$	$\neg p$	$\neg p \wedge \neg r$	$\neg(\neg p \wedge \neg r)$	$\neg(\neg p \wedge \neg r) \wedge w$	原公式
0	0	0	1	1	1	1	0	0	0
0	0	1	1	1	1	1	0	0	0
0	1	0	0	0	1	0	1	0	1
0	1	1	0	1	1	0	1	1	1
1	0	0	1	1	0	0	1	0	0
1	0	1	1	1	0	0	1	1	1
1	1	0	0	0	0	0	1	0	1
1	1	1	0	1	0	0	1	1	1

(4)

p	q	r	s	$\neg q$	$p \to \neg q$	$\neg r$	$s \wedge \neg r$	$(p \to \neg q) \to (s \wedge \neg r)$	$\neg s$	原公式
0	0	0	0	1	1	1	0	0	1	0
0	0	0	1	1	1	1	1	1	0	0
0	0	1	0	1	1	0	0	0	1	0
0	0	1	1	1	1	0	0	0	0	1
0	1	0	0	0	1	1	0	0	1	0
0	1	0	1	0	1	1	1	1	0	0
0	1	1	0	0	1	0	0	0	1	0
0	1	1	1	0	1	0	0	0	0	1
1	0	0	0	1	1	1	0	0	1	0
1	0	0	1	1	1	1	1	1	0	0
1	0	1	0	1	1	0	0	0	1	0
1	0	1	1	1	1	0	0	0	0	1
1	1	0	0	0	0	1	0	1	1	1
1	1	0	1	0	0	1	1	1	0	0
1	1	1	0	0	0	0	0	1	1	1
1	1	1	1	0	0	0	0	1	0	0

4.(1)、(5)重言式,(3)矛盾式,(2)、(4)可满足式.

5.(1)$p\to(p\vee\neg q\vee r)$

$\Leftrightarrow\neg p\vee(p\vee\neg q\vee r)$　　蕴涵-析取等值式,置换规则

$\Leftrightarrow(\neg p\vee p)\vee(\neg q\vee r)$　　结合律

$\Leftrightarrow 1\vee(\neg q\vee r)$　　排中律

$\Leftrightarrow 1$　　同一律

原公式为重言式.

(2)$\neg s\to(m\to(s\vee r))$

$\Leftrightarrow\neg\neg s\vee(\neg m\vee(s\vee r))$　　蕴涵-析取等值式,置换规则

$\Leftrightarrow s\vee\neg m\vee r$　　双重否定律

令 $s=1,m=0,r=1$ 则公式的真值为 1;令 $s=0,m=1,r=0$ 则公式的真值为 0,所以,原公式为可满足式.

(3)$(\neg r\vee\neg p)\leftrightarrow((p\to q)\vee r)$

$\Leftrightarrow(\neg r\vee\neg p)\leftrightarrow((\neg p\vee q)\vee r)$　　蕴涵-析取等值式

$\Leftrightarrow(\neg r\vee\neg p)\leftrightarrow(\neg p\vee q\vee r)$　　结合律

令 $p=0,q=1,r=0$,则公式的真值为 1;令 $p=1,q=1,r=1$,则公式的真值为 0,所以,原公式为可满足式.

(4)$(\neg(p\to q)\wedge q)\wedge r$

$\Leftrightarrow(\neg(\neg p\vee q)\wedge q)\wedge r$　　蕴涵-析取等值式

$\Leftrightarrow(p\wedge\neg q)\wedge q)\wedge r$　　德·摩根律

$\Leftrightarrow p\wedge(\neg q\wedge q)\wedge r$　　结合律

$\Leftrightarrow p\wedge 0\wedge r$　　矛盾律

$\Leftrightarrow 0$　　同一律

原公式为矛盾式.

(5)$\neg(p\leftrightarrow q)\leftrightarrow((p\wedge\neg q)\vee(\neg p\wedge q))$

$\Leftrightarrow\neg((p\to q)\wedge(q\to p))$　　同真-双向蕴涵等值式

$\Leftrightarrow\neg((\neg p\vee q)\wedge(\neg q\vee p))$　　蕴涵-析取等值式

$\Leftrightarrow\neg(\neg p\vee q)\vee\neg(\neg q\vee p)$　　德·摩根律

$\Leftrightarrow(p\wedge\neg q)\vee(q\wedge\neg p)$　　德·摩根律

$\Leftrightarrow(p\wedge\neg q)\vee(\neg p\wedge q)$　　交换律

证明得$\neg(p\leftrightarrow q)\Leftrightarrow((p\wedge\neg q)\vee(\neg p\wedge q))$,所以原公式为重言式.

6.(1)$(p_1\wedge\neg p_2)\to p_3$

$\Leftrightarrow\neg(p_1\wedge\neg p_2)\vee p_3$　　蕴涵-析取等值式

$\Leftrightarrow\neg p_1\vee p_2\vee p_3$　　德·摩根律

$\Leftrightarrow\neg p_1\vee(p_2\vee p_3)$　　结合律

$\Leftrightarrow p_1\to(p_2\vee p_3)$　　蕴涵-析取等值式

(2) $p \to (p \to q)$

$\Leftrightarrow \neg p \vee (\neg p \vee q)$ 蕴涵-析取等值式

$\Leftrightarrow \neg p \vee \neg p \vee q$ 结合率

$\Leftrightarrow \neg p \vee q$ 幂等律

$\Leftrightarrow \neg p \vee \neg(\neg q)$ 双重否定律

$\Leftrightarrow \neg(\neg q) \vee \neg p$ 交换律

$\Leftrightarrow \neg q \to \neg p$ 蕴涵-析取等值式

(3) $(s \to q) \wedge (s \to r)$

$\Leftrightarrow (\neg s \vee q) \wedge (\neg s \vee r)$ 蕴涵-析取等值式

$\Leftrightarrow \neg s \vee (q \wedge r)$ 分配律

$\Leftrightarrow s \to (q \wedge r)$ 蕴涵-析取等值式

(4) $(p \to r) \wedge (q \to r)$

$\Leftrightarrow (\neg p \vee r) \wedge (\neg q \vee r)$ 蕴涵-析取等值式

$\Leftrightarrow (\neg p \wedge \neg q) \vee r$ 吸收律

$\Leftrightarrow (p \vee q) \to r$ 蕴涵-析取等值式

(5) $((p \wedge q) \to r) \wedge (q \to (s \vee r))$

$\Leftrightarrow (\neg(p \wedge q) \vee r) \wedge (\neg q \vee (s \vee r))$ 蕴涵-析取等值式

$\Leftrightarrow (\neg p \vee \neg q \vee r) \wedge (\neg q \vee s \vee r)$ 德·摩根律,结合律

$\Leftrightarrow q \to ((\neg p \vee r) \wedge (s \vee r))$ 分配律,蕴涵-析取等值式

$\Leftrightarrow q \to ((\neg p \wedge s) \vee r)$ 分配律

$\Leftrightarrow q \to (\neg(\neg p \wedge s) \to r)$ 蕴涵-析取等值式

$\Leftrightarrow q \to ((\neg s \vee p) \to r)$ 德·摩根律

$\Leftrightarrow q \to ((s \to p) \to r)$ 蕴涵-析取等值式

7. 根据题意,(1),(2),(3),(4),(5)分别写为 $A \to B, D \vee E, (B \wedge \neg C) \vee (\neg B \wedge C), (C \wedge D) \vee (\neg C \wedge \neg D), E \to (A \wedge B)$,满足以上5个条件表示为

$(A \to B) \wedge (D \vee E) \wedge ((B \wedge \neg C) \vee (\neg B \wedge C)) \wedge ((C \wedge D) \vee (\neg C \wedge \neg D)) \wedge (E \to (A \wedge B))$.

用等值演算法将公式变形,由于公式较长,分两部分进行演算:

①$(A \to B) \wedge (D \vee E) \wedge (E \to (A \wedge B))$

$\Leftrightarrow (\neg A \vee B) \wedge (D \vee E) \wedge (\neg E \vee (A \wedge B))$

$\Leftrightarrow (\neg A \vee B) \wedge ((D \vee E) \wedge \neg E) \vee ((D \vee E) \wedge (A \wedge B))$

$\Leftrightarrow (\neg A \vee B) \wedge ((D \wedge \neg E) \vee (E \wedge \neg E) \vee (D \wedge (A \wedge B)) \vee (E \wedge (A \wedge B)))$

$\Leftrightarrow (\neg A \vee B) \wedge ((D \wedge \neg E) \vee 0) \vee (D \wedge A \wedge B) \vee (E \wedge A \wedge B))$

$\Leftrightarrow ((\neg A \vee B) \wedge (D \wedge \neg E)) \vee ((\neg A \vee B) \wedge (D \wedge A \wedge B)) \vee ((\neg A \vee B) \wedge (E \wedge A \wedge B))$

$\Leftrightarrow (\neg A \wedge D \wedge \neg E) \vee (B \wedge D \wedge \neg E) \vee (\neg A \wedge D \wedge A \wedge B) \vee (B \wedge D \wedge A \wedge B) \vee (\neg A \wedge E \wedge A \wedge B) \vee (B \wedge E \wedge A \wedge B)$

$\Leftrightarrow (\neg A \wedge D \wedge \neg E) \vee (B \wedge D \wedge \neg E) \vee 0 \vee (B \wedge D \wedge A) \vee 0 \vee (B \wedge E \wedge A)$

$\Leftrightarrow (\neg A \wedge D \wedge \neg E) \vee (B \wedge D \wedge \neg E) \vee (B \wedge D \wedge A) \vee (B \wedge E \wedge A)$

②$((B\wedge\neg C)\vee(\neg B\wedge C))\wedge((C\wedge D)\vee(\neg C\wedge\neg D))$

$\Leftrightarrow(((B\wedge\neg C)\vee(\neg B\wedge C))\wedge(C\wedge D))\vee(((B\wedge\neg C)\vee(\neg B\wedge C))\wedge(\neg C\wedge\neg D))$

$\Leftrightarrow 0\vee(\neg B\wedge C\wedge D)\vee(B\wedge\neg C\wedge\neg D)\vee 0$

$\Leftrightarrow(\neg B\wedge C\wedge D)\vee(B\wedge\neg C\wedge\neg D)$

综合①和②得

$((\neg A\wedge D\wedge\neg E)\vee(B\wedge D\wedge\neg E)\vee(B\wedge D\wedge A)\vee(B\wedge E\wedge A))\wedge((\neg B\wedge C\wedge D)\vee$
$(B\wedge\neg C\wedge\neg D))$

$\Leftrightarrow((\neg A\wedge D\wedge\neg E\wedge\neg B\wedge C)\vee 0\vee 0\vee 0)\vee(0\vee 0\vee 0\vee(E\wedge A\wedge B\wedge\neg C\wedge\neg D))$

$\Leftrightarrow(\neg A\wedge D\wedge\neg E\wedge\neg B\wedge C)\vee(E\wedge A\wedge B\wedge\neg C\wedge\neg D)$

满足以上公式的赋值有两组：

$A=0,B=0,C=1,D=1,E=0$；

$A=1,B=1,C=0,D=0,E=1$.

所以方案有两种：选 C,D 不选 A,B,E 或者选 A,B,E 不选 C,D.

8.(1)析取范式：

$(p\vee\neg q)\rightarrow\neg s\wedge t\Leftrightarrow\neg(p\vee\neg q)\vee(\neg s\wedge t)\Leftrightarrow(\neg p\wedge q)\vee(\neg s\wedge t)$

合取范式：

$(p\vee\neg q)\rightarrow\neg s\wedge t\Leftrightarrow\neg(p\vee\neg q)\vee(\neg s\wedge t)\Leftrightarrow(\neg p\wedge q)\vee(\neg s\wedge t)$

$\Leftrightarrow((\neg p\wedge q)\vee\neg s)\wedge((\neg p\wedge q)\vee t)$

$\Leftrightarrow(\neg p\vee s)\wedge(q\vee\neg s)\wedge(\neg p\vee t)\wedge(q\vee t)$

(2)析取范式：

$(p\leftrightarrow q)\wedge(\neg s\vee t)\Leftrightarrow(p\rightarrow q)\wedge(q\rightarrow p)\wedge(\neg s\vee t)$

$\Leftrightarrow(\neg p\vee q)\wedge(\neg q\vee p)\wedge(\neg s\vee t)$

$\Leftrightarrow((\neg p\vee q)\wedge\neg q)\vee(\neg p\vee q)\wedge p)\wedge(\neg s\vee t)$

$\Leftrightarrow(\neg p\wedge\neg q)\vee(q\wedge\neg q)\vee(\neg p\wedge p)\vee(q\wedge p)\wedge(\neg s\vee t)$

$\Leftrightarrow(\neg p\wedge\neg q)\vee(q\wedge p)\wedge(\neg s\vee t)$

$\Leftrightarrow(((\neg p\wedge\neg q)\vee(q\wedge p))\wedge\neg s))\vee(((\neg p\wedge\neg q)\vee(q\wedge p))\wedge t)$

$\Leftrightarrow(\neg p\wedge\neg q\wedge\neg s)\vee(q\wedge p\wedge\neg s)\vee(\neg p\wedge\neg q\wedge t)\vee(q\wedge p\wedge t)$

合取范式：

$(p\leftrightarrow q)\wedge(\neg s\vee t)\Leftrightarrow(p\rightarrow q)\wedge(q\rightarrow p)\wedge(\neg s\vee t)$

$\Leftrightarrow(\neg p\vee q)\wedge(\neg q\vee p)\wedge(\neg s\vee t)$

(3)析取范式：

$\neg(p\vee\neg q)\leftrightarrow(p\wedge q)\Leftrightarrow(\neg p\wedge q)\leftrightarrow(p\wedge q)$

$\Leftrightarrow((\neg p\wedge q)\rightarrow(p\wedge q))\wedge((p\wedge q)\rightarrow(\neg p\wedge q))$

$\Leftrightarrow(\neg(\neg p\wedge q)\vee(p\wedge q))\wedge(\neg(p\wedge q)\vee(\neg p\wedge q))$

$\Leftrightarrow(p\vee\neg q\vee(p\wedge q))\wedge(\neg p\vee\neg q\vee(\neg p\wedge q))$

$\Leftrightarrow(p\vee\neg q)\wedge(\neg p\vee\neg q)$

$\Leftrightarrow((p\vee\neg q)\wedge\neg p)\vee((p\vee\neg q)\wedge\neg q)$

$\Leftrightarrow(\neg q\wedge\neg p)\vee(p\wedge\neg q)\vee\neg q$

合取范式：

$\neg(p\vee\neg q)\leftrightarrow(p\wedge q)\Leftrightarrow(\neg p\wedge q)\leftrightarrow(p\wedge q)$

$\Leftrightarrow((\neg p\wedge q)\rightarrow(p\wedge q))\wedge((p\wedge q)\rightarrow(\neg p\wedge q))$

$\Leftrightarrow(\neg(\neg p\wedge q)\vee(p\wedge q))\wedge(\neg(p\wedge q)\vee(\neg p\wedge q))$

$\Leftrightarrow(p\vee\neg q\vee(p\wedge q))\wedge(\neg p\vee\neg q\vee(\neg p\wedge q))$

$\Leftrightarrow(p\vee\neg q)\wedge(\neg p\vee\neg q)$

(4)析取范式：

$(p\wedge(q\rightarrow s))\rightarrow r\Leftrightarrow(p\wedge(\neg q\vee s))\rightarrow r\Leftrightarrow\neg(p\wedge(\neg q\vee s))\vee r$

$\Leftrightarrow\neg p\vee\neg(\neg q\vee s)\vee r\Leftrightarrow\neg p\vee(q\wedge\neg s)\vee r$

合取范式：

$(p\wedge(q\rightarrow s))\rightarrow r\Leftrightarrow(p\wedge(\neg q\vee s))\rightarrow r\Leftrightarrow\neg(p\wedge(\neg q\vee s))\vee r$

$\Leftrightarrow\neg p\vee\neg(\neg q\vee s)\vee r\Leftrightarrow\neg p\vee(q\wedge\neg s)\vee r\Leftrightarrow(\neg p\vee r)\vee(q\wedge\neg s)$

$\Leftrightarrow(\neg p\vee r\vee q)\wedge(\neg p\vee r\vee\neg s)$

9.(1)

p	q	r	$(p\vee q)\wedge r$
0	0	0	0
0	0	1	0
0	1	0	0
0	1	1	1
1	0	0	0
1	0	1	1
1	1	0	0
1	1	1	1

主析取范式：$m_{011}\vee m_{101}\vee m_{111}$

主合取范式：$M_{000}\wedge M_{001}\wedge M_{010}\wedge M_{100}\wedge M_{110}$

(2)

p	q	r	$p\to(p\vee q\vee r)$
0	0	0	1
0	0	1	1
0	1	0	1
0	1	1	1
1	0	0	1
1	0	1	1
1	1	0	1
1	1	1	1

主析取范式：$m_{000}\vee m_{001}\vee m_{010}\vee m_{011}\vee m_{100}\vee m_{101}\vee m_{110}\vee m_{111}$

主合取范式：0

(3)

p	q	$(p\to q)\to(p\leftrightarrow\neg q)$
0	0	0
0	1	1
1	0	1
1	1	0

主析取范式：$m_{01}\vee m_{10}$

主合取范式：$M_{00}\wedge M_{11}$

(4)

p	q	r	$(p\vee q)\vee(\neg p\wedge r)$
0	0	0	0
0	0	1	1
0	1	0	1
0	1	1	1
1	0	0	1
1	0	1	1
1	1	0	1
1	1	1	1

主析取范式：$m_{001} \vee m_{010} \vee m_{011} \vee m_{100} \vee m_{101} \vee m_{110} \vee m_{111}$

主合取范式：M_{000}

10. (1) $r \to \neg(p \vee q) \Leftrightarrow \neg r \vee \neg(p \vee q) \Leftrightarrow \neg r \vee (\neg p \wedge \neg q)$

$\Leftrightarrow (\neg r \vee \neg p) \wedge (\neg r \vee \neg q)$

$\Leftrightarrow (\neg r \vee \neg p \vee q) \wedge (\neg r \vee \neg p \vee \neg q) \wedge (\neg r \vee \neg q \vee p) \wedge (\neg r \vee \neg q \vee \neg p)$

$\Leftrightarrow (p \vee \neg q \vee \neg r) \wedge (\neg p \vee q \vee \neg r) \wedge (\neg r \vee \neg p \vee \neg q)$

$\Leftrightarrow M_3 \wedge M_5 \wedge M_7$

$\Leftrightarrow m_0 \vee m_1 \vee m_2 \vee m_4 \vee m_6$

主析取范式：$m_0 \vee m_1 \vee m_2 \vee m_4 \vee m_6$

主合取范式：$M_3 \wedge M_5 \wedge M_7$

(2) $((p \to q) \to (p \vee \neg q)) \vee \neg p$

$\Leftrightarrow ((\neg p \vee q) \to (p \vee \neg q)) \vee \neg p$

$\Leftrightarrow (\neg(\neg p \vee q) \vee (p \vee \neg q)) \vee \neg p$

$\Leftrightarrow (p \wedge \neg q) \vee (p \vee \neg q) \vee \neg p$

$\Leftrightarrow (p \wedge \neg q) \vee p \vee \neg q \vee \neg p$

$\Leftrightarrow (p \wedge \neg q) \vee \neg q \vee 1$

$\Leftrightarrow 1$

主析取范式：$m_0 \vee m_1 \vee m_2 \vee m_3$

主合取范式：0

(3) $p \wedge (r \to \neg q) \Leftrightarrow p \wedge (\neg r \vee \neg q) \Leftrightarrow (p \wedge \neg r) \vee (p \wedge \neg q)$

$\Leftrightarrow (p \wedge \neg r \wedge q) \vee (p \wedge \neg r \wedge \neg q) \vee (p \wedge \neg q \wedge r) \vee (p \wedge \neg q \wedge \neg r)$

$\Leftrightarrow (p \wedge \neg q \wedge \neg r) \vee (p \wedge \neg q \wedge r) \vee (p \wedge q \wedge \neg r)$

$\Leftrightarrow m_4 \vee m_5 \vee m_6$

$\Leftrightarrow M_0 \wedge M_1 \wedge M_2 \wedge M_3 \wedge M_7$

主析取范式：$m_4 \vee m_5 \vee m_6$

主合取范式：$M_0 \wedge M_1 \wedge M_2 \wedge M_3 \wedge M_7$

(4) $(p \to q) \wedge (r \to q) \Leftrightarrow (\neg p \vee q) \wedge (\neg r \vee q)$

$\Leftrightarrow ((\neg p \vee q) \wedge \neg r) \vee (\neg p \vee q) \wedge q)$

$\Leftrightarrow (\neg p \wedge \neg r) \vee (q \wedge \neg r) \vee (\neg p \wedge q) \vee q$

$\Leftrightarrow ((\neg p \wedge \neg r) \wedge (q \vee \neg q)) \vee ((q \wedge \neg r) \wedge (p \vee \neg p)) \vee ((\neg p \wedge q) \wedge (r \vee \neg r)) \vee q$

$\Leftrightarrow ((\neg p \wedge \neg r \wedge q) \vee (\neg p \wedge \neg r \wedge \neg q)) \vee (q \wedge \neg r \wedge p) \vee$

$(q \wedge \neg r \wedge \neg p) \vee (\neg p \wedge q \wedge r) \vee (\neg p \wedge q \wedge \neg r) \vee q$

$\Leftrightarrow ((\neg p \wedge \neg r \wedge q) \vee (\neg p \wedge \neg r \wedge \neg q)) \vee (q \wedge \neg r \wedge p) \vee$

$(q \wedge \neg r \wedge \neg p) \vee (\neg p \wedge q \wedge r) \vee (\neg p \wedge q \wedge \neg r) \vee$

$(q \wedge \neg p \wedge \neg r) \vee (q \wedge \neg p \wedge r) \vee (q \wedge p \wedge \neg r) \vee (q \wedge p \wedge r)$

$\Leftrightarrow m_0 \vee m_2 \vee m_3 \vee m_6 \vee m_7$

$\Leftrightarrow M_1 \wedge M_4 \wedge M_5$

主析取范式：$m_0 \vee m_2 \vee m_3 \vee m_6 \vee m_7$

主合取范式：$M_1 \wedge M_4 \wedge M_5$

11.(1)主析取范式分别是$m_1 \vee m_3 \vee m_4 \vee m_5 \vee m_7$和$m_0 \vee m_1 \vee m_2 \vee m_3 \vee m_4 \vee m_5 \vee m_7$，不等值；

(2)主析取范式分别是$m_0 \vee m_2 \vee m_4 \vee m_5 \vee m_6 \vee m_7$和$m_0 \vee m_1 \vee m_2 \vee m_3 \vee m_4 \vee m_5 \vee m_6$，不等值.

12.(1)主合取范式分别是$M_0 \wedge M_1 \wedge M_2 \wedge M_3 \wedge M_4 \wedge M_6$和$M_1 \wedge M_3 \wedge M_5 \wedge M_6$，不等值；

(2)主合取范式分别是$M_1 \wedge M_4 \wedge M_5$和$M_1 \wedge M_4 \wedge M_5$，等值.

13.$(A \to C) \wedge (B \to \neg C) \wedge (\neg C \to A \vee B)$

$\Leftrightarrow (\neg A \vee C) \wedge (\neg B \vee \neg C) \wedge (C \vee A \vee B)$

$\Leftrightarrow M_{000} \wedge M_{011} \wedge M_{100} \wedge M_{110} \wedge M_{111}$

$\Leftrightarrow m_{001} \vee m_{010} \vee m_{101}$

使公式真值为 1 有 3 组赋值：001,010,101，所以该生有三种选课方案.

(1)选 A 和 C；(2)选 B；(3)选 C.

14.(1)证明：

①p	前提引入
②$p \to q$	前提引入
③q	①②假言推理
④$q \to r$	前提引入
⑤r	③④假言推理

(2)证明：

①$\neg q \vee r$	前提引入
②$\neg r$	前提引入
③q	①②析取三段论
④$\neg(p \wedge q)$	前提引入
⑤$\neg p \vee \neg q$	置换(德·摩根律)
⑥$\neg p$	③⑤析取三段论

(3)证明：

①$r \vee s$	前提引入
②$\neg r$	前提引入
③s	①②析取三段论
④$s \to \neg q$	前提引入
⑤$\neg q$	③④假言推理
⑥$\neg r \leftrightarrow q$	前提引入
⑦$(\neg r \to q) \wedge (q \to \neg r)$	⑥置换(逆否蕴涵)
⑧$(\neg r \to q)$	⑦化简
⑨r	⑤⑧拒取式
⑩$r \vee \neg p$	⑨附加规则

(4)证明：

①$p\rightarrow(\neg q\vee r)$	前提引入
②$\neg p\vee(\neg q\vee r)$	①置换(蕴涵-析取)
③$(\neg p\vee\neg q)\vee r$	②置换(德·摩根律)
④$p\wedge q$	前提引入
⑤r	③④析取三段论
⑥$r\vee s$	⑤附加规则

15.(1)证明：

①r	附加前提引入
②$p\vee\neg r$	前提引入
③p	①②析取三段论
④$p\rightarrow(q\rightarrow s)$	前提引入
⑤$q\rightarrow s$	③④假言推理
⑥q	前提引入
⑦s	⑤⑥假言推理

(2)证明：

①$s\vee t$	前提引入
②$(s\vee t)\rightarrow p$	前提引入
③p	①②假言推理
④$p\rightarrow(\neg q\vee r)$	前提引入
⑤$\neg q\vee r$	③④假言推理
⑥q	附加前提引入
⑦r	⑤⑥析取三段论

(3)证明：

①p	附加前提引入
②$p\rightarrow q$	前提引入
③q	①②假言推理
④$p\wedge q$	③④合取引入

16.(1)证明：

①$\neg s$	前提引入
②$\neg r\vee s$	前提引入
③$\neg r$	①②析取三段论
④$(t\wedge\neg q)\rightarrow r$	前提引入
⑤$\neg(t\wedge\neg q)$	③④拒取式
⑥$\neg t\vee q$	⑤德·摩根律
⑦$\neg q$	结论的否定引入
⑧$\neg t$	⑥⑦析取三段论

⑨t　　前提引入

⑩$\neg t \wedge t$　　⑧⑨合取引入

(2)证明：

①t　　结论的否定引入

②$\neg t \vee \neg q$　　前提引入

③$\neg q$　　①②析取三段论

④$r \to q$　　前提引入

⑤$\neg r$　　③④拒取式

⑥$r \wedge \neg s$　　前提引入

⑦r　　⑥化简规则

⑧$\neg r \wedge r$　　⑤⑦合取引入

(3)证明：

①$p \to r$　　前提引入

②$q \to s$　　前提引入

③$p \vee q$　　前提引入

④$r \vee s$　　①②③复杂构造式二难推理规则

⑤$\neg(r \vee s)$　　结论的否定引入

⑥$(r \vee s) \wedge \neg(r \vee s)$　　⑤⑥合取引入

17.(1)设 A:甲获冠军.B:乙获亚军.C:丙获亚军.D:丁获亚军.

则问题化为：

前提:$A \to B \vee C, B \to \neg A, D \to \neg C, A$

结论:$\neg D$

证明：

①$A \to B \vee C$　　前提引入

②A　　前提引入

③$B \vee C$　　①②假言推理

④$B \to \neg A$　　前提引入

⑤$\neg B$　　②④拒取式规则

⑥C　　③⑤析取三段论

⑦$D \to \neg C$　　前提引入

⑧$\neg D$　　⑥⑦拒取式规则

(2)设 A:甲参加篮球比赛.B:乙参加篮球比赛.C:丙参加篮球比赛.

则问题化为：

前提:$\neg B \to \neg A, B \to (C \wedge A), A$

结论:C

证明：

①$\neg B \to \neg A$　　前提引入

②A　　前提引入

③B　　①②拒取式规则

④$B\to(C\wedge A)$　　前提引入

⑤$C\wedge A$　　③④假言推理规则

⑥C　　⑤化简规则

(3)设A:刘丽萍去华盛顿.B:赵明雄去上课.C:明雄一定在华盛顿接她.D:刘丽萍去美国.则问题化为:

前提:$A\to(\neg B\to C)$,$D\to A$,$\neg B$

结论:$D\to C$

用附加前提证明法证明以上结论:

①D　　附加前提引入

②$D\to A$　　前提引入

③$A\to(\neg B\to C)$　　前提引入

④$\neg B$　　前提引入

⑤A　　①②假言推理

⑥$\neg B\to C$　　③⑤假言推理

⑦C　　④⑥假言推理

根据附加前提证明法,结论得证.

(4)设A:红队第三.B:黄队第二.C:蓝队第四.D:白队第一.

则问题化为:

前提:$A\to(B\to C)$,$\neg D\vee A$,B

结论:$D\to C$

证明:

①D　　附加前提引入

②$\neg D\vee A$　　前提引入

③A　　①②析取三段论

④$A\to(B\to C)$　　前提引入

⑤$B\to C$　　③④假言推理

⑥B　　前提引入

⑦C　　⑤⑥假言推理

第3章

一、填空题

1.5,是有理数;　2.张三、李四,……与……是老乡;　3.汽车、火车,……比……跑得慢;

4.8、3,……大于……;5.王浩,去看电影;　6.刘刚、张立,……比……聪明;

7.x、y,……与……是同学;　8.x、y,……与……具有关系L;

9.永真式或重言式;　10.矛盾式或永假式;

11. 永真式或重言式；　12. 可满足式；　13. 可满足式；

14. 可满足式；　15. 可满足式；　16. 永真式或重言式；

17. 假或 0；　18. 假或 0；　19. 假或 0；

20. 真或 1；　21. 假或 0；　22. EG 或存在量词引入；

23. EI 或存在量词削去；　24. UI 或全称量词削去；　25. UG 或全称量词引入；

26. ①EI 规则，③UI 规则，④化简规则，⑥UI 规则，⑤②假言推理规则，⑧⑦假言推理规则，④化简规则，⑨⑩合取引入，⑪EG 规则.

二、选择题

1—5　BBDDB　　6—10　BBCAD　　11—15　CDCBA　　16—20　CCBAB

21—25　CADBB　　26—30　CCBCD　　31—35　ABCDD

三、判断题

1—5　×√××√　　6—10　√√√××

四、综合题

1. (1) $F(x)$：x 是奇数，a：7. $F(a)$：7 是奇数.

(2) $H(x,y)$：x 大于 y，a：3，b：2. $H(a,b)$：3 大于 2.

(3) $L(x,y)$：x 比 y 聪明，a：刘刚，b：张立. $L(a,b)$：刘刚比张立聪明.

(4) $F(x)$：x 是一个男人，$G(y)$：y 是歌手，a：小明，$F(a)\wedge G(a)$：小明是一个男歌手.

(5) $G(x,y)$：x 大于 y，a：6，b：4，c：2，$G(a,b)\wedge G(b,c)\rightarrow G(a,c)$：若 6 大于 4 且 4 大于 2，则 6 大于 2.

2. (1)(4)(6)包含全称量词；(3)(7)(8)包含存在量词；(2)(5)不包含量词.

3. (1) $\neg\exists x(M(x)\wedge\neg P(x))$. 其中，$M(x)$：$x$ 是人；$P(x)$：x 需要吃饭.

(2) $\forall x(M(x)\rightarrow P(x))$. 其中，$M(x)$：$x$ 是无理数；$P(x)$：x 是实数.

(3) $L(a,b)$. 其中，$L(x,y)$：x 与 y 是同学；a：大牛；b：小马.

(4) $F(a)\wedge F(b)$. 其中，$F(x)$：x 是大学生；a：高山；b：刘水.

(5) $\neg\forall x(M(x)\rightarrow P(x))$. 其中，$M(x)$：$x$ 是人；$P(x)$：x 喜欢跳舞.

(6) $\forall x(M(x)\rightarrow\exists y(P(y)\wedge F(x,y))$. 其中，$M(x)$：$x$ 是火车；$P(y)$：y 是汽车；$F(x,y)$：x 比 y 跑得快.

(7) $\forall x(M(x)\rightarrow(\neg P(x)\rightarrow\neg G(x))$. 其中，$M(x)$：$x$ 是实数；$P(x)$：x 是偶数；$G(x)$：x 被 2 整除.

(8) $\forall x(M(x)\wedge P(x)\rightarrow G(x))$. 其中，$M(x)$：$x$ 是整数；$P(x)$：x 被 2 整除；$G(x)$：x 是偶数.

(9) $\forall x((M(x)\rightarrow G(x))\wedge(P(x)\rightarrow G(x))$. 其中，$M(x)$：$x$ 是有理数；$P(x)$：x 是无理数；$G(x)$：x 是实数.

(10) $F(a)\wedge Q(a)$. 其中，$F(x)$：x 喜欢学习；$Q(x)$：x 喜欢锻炼身体；a：李丽媛.

(11) $F(a)$. 其中，$F(x)$：x 是三好学生；a：刘明.

(12) $\forall x(M(x)\rightarrow P(x))$. 其中，$M(x)$：$x$ 是人；$P(x)$：x 喜欢锻炼身体.

(13) $\exists x(M(x)\wedge P(x))$. 其中，$M(x)$：$x$ 是北京人；$P(x)$：x 是外国人.

4. (1) $\exists t\forall y(F(t)\rightarrow G(x,y))$

(2) $\exists x\exists y\forall z(\neg F(x,y))\rightarrow(G(z)\rightarrow M(x)))$

(3) $\exists t\exists u\forall x((F(t,y)\rightarrow G(u))\vee H(x,y))$

(4) $\exists t\exists s\forall u\forall z(M(t)\rightarrow(G(s,y,u)\vee H(x,y,z))))$

5.(1)令 $F(x)$:x 是汽车,$G(y)$:y 是火车,$H(x,y)$:x 比 y 跑得快.

$\exists x\exists y(F(x)\wedge G(y)\wedge H(x,y))$

(2)令 $F(x)$:x 是火车,$G(y)$:y 是汽车,$H(x,y)$:x 比 y 跑得快.

$\exists x\forall y(F(x)\wedge(G(y)\rightarrow H(x,y))$

(3)令 $F(x)$:x 是火车,$G(y)$:y 是汽车,$H(x,y)$:x 比 y 跑得快.

$\exists x\exists y(F(x)\wedge G(y)\wedge\neg H(x,y))$

(4)令 $F(x)$:x 是飞机,$G(y)$:y 是汽车,$H(x,y)$:x 比 y 跑得慢.

$\forall x\forall y(F(x)\wedge(y)\rightarrow\neg H(x,y))$

6.(1)$(F(a)\wedge F(b)\wedge F(c))\wedge(G(a)\vee G(b)\vee G(c))$.

(2)$(F(a)\wedge F(b)\wedge F(c))\vee(G(a)\wedge G(b)\wedge G(c))$.

(3)$(F(a)\wedge F(b)\wedge F(c))\rightarrow(G(a)\wedge G(b)\wedge G(c))$.

7.(1)证明:

① $\exists xM(x)$	前提引入
②$M(a)$	①EI 规则
③ $\forall x(M(x)\rightarrow G(x))$	前提引入
④$M(a)\rightarrow G(a)$	③UI 规则
⑤$G(a)$	②④假言推理
⑥ $\exists xG(x)$	⑤EG 规则

(2)证明:

① $\forall x\neg B(x)$	前提引入
②$\neg B(a)$	①UI 规则
③ $\forall x(\neg F(x)\rightarrow B(x))$前提引入	
④$\neg F(a)\rightarrow B(a)$	③UI 规则
⑤$F(a)$	②④拒取式
⑥ $\exists xF(x)$	⑤EG 规则

(3)证明:

① $\exists xQ(x)$	前提引入
②$Q(a)$	①EI 规则
③ $\exists xQ(x)\rightarrow\forall x((Q(y)\vee G(y))\rightarrow R(y))$	前提引入
④ $\forall x((Q(y)\vee G(y))\rightarrow R(y))$	①③假言推理
⑤$(Q(a)\vee G(a))\rightarrow R(a)$	④UI 规则
⑥$Q(a)\vee G(a)$	②附加规则
⑦$R(a)$	⑤⑥假言推理
⑧ $\exists xR(x)$	⑦EG 规则

(4)证明：

①$\exists xF(x)$　　前提引入

②$F(a)$　　①EI 规则

③$\forall x(F(x)\to(G(y)\wedge R(x)))$　　前提引入

④$F(a)\to(G(y)\wedge R(a))$　　③UI 规则

⑤$G(y)\wedge R(a)$　　②④假言推理

⑥$R(a)$　　⑤化简

⑦$F(a)\wedge R(a)$　　②⑥合取引入

⑧$\exists x(F(x)\wedge R(x))$　　⑦EG 规则

(5)证明：

①$\forall x(R(x)\to\neg G(x))$　　前提引入

②$\forall x(W(x)\to G(x))$　　前提引入

③$\forall x(\neg G(x)\to\neg W(x))$　　②置换(逆否蕴涵)

④$\forall x(R(x)\to\neg G(x))\wedge\forall x(\neg G(x)\to\neg W(x))$　　①③合取引入

⑤$\forall x(R(x)\to\neg G(x))$　　④化简规则

⑥$\forall x(\neg G(x)\to\neg W(x))$　　④化简规则

⑦$\forall x(R(x)\to\neg W(x))$　　⑤⑥假言三段论

8.(1)令 $P(x)$:x 是偶数;$Q(x)$:x 能被 2 整除,则问题可表述为:

条件:$\forall x(P(x)\to Q(x))$,$P(8)$

结论:$Q(8)$

证明：

①$\forall x(P(x)\to Q(x))$　　前提引入

②$P(8)\to Q(8)$　　①UI 规则

③$P(8)$　　前提引入

④$Q(8)$　　③②假言推理

(2)令 $P(x)$:x 是计算机系的学生;$Q(x)$:x 要学计算机组成原理;$M(x)$:x 是数学系的学生,则问题可表述为:

条件:$\forall x(P(x)\to Q(x))$,$\exists xP(x)$,$\exists xM(x)$

结论:$\exists xQ(x)$

证明：

①$\exists xP(x)$　　前提引入

②$P(c)$　　①EI 规则

③$\forall x(P(x)\to Q(x))$　　前提引入

④$P(c)\to Q(c)$　　③UI 规则

⑤$Q(c)$　　②④假言推理

⑥$\exists xQ(c)$　　⑤EG 规则

(3)令 $N(x)$:x 是自然数;$P(x)$:x 是偶数;$H(x)$:x 是奇数;$Q(x)$:x 能被 2 整除,则问题可表

述为：

条件：$\forall x(N(x)\to P(x)\lor H(x))$，$\forall x(P(x)\to Q(x))$，$\neg\forall x(N(x)\to Q(x))$

结论：$\exists x(N(x)\land H(x))$

证明：

① $\neg\forall x(N(x)\to Q(x))$	前提引入
② $\exists x(N(x)\land\neg Q(x))$	①置换
③ $N(a)\land\neg Q(a)$	②EI 规则
④ $\neg Q(a)$	③化简
⑤ $N(a)$	③化简
⑥ $\forall x(P(x)\to Q(x))$	前提引入
⑦ $P(a)\to Q(a)$	⑥UI 规则
⑧ $P(a)$	④⑦拒取式
⑨ $\forall x(N(x)\to P(x)\lor H(x))$	前提引入
⑩ $N(a)\to P(a)\lor H(a)$	⑨UI 规则
⑪ $P(a)\lor H(a)$	⑤⑩假言推理
⑫ $H(a)$	⑧⑪析取三段论
⑬ $N(a)\land H(a)$	⑤⑫合取引入
⑭ $\exists x(N(x)\land H(x))$	⑬EG 规则

(4)令 $S(x)$表示：x 是科学工作者；$D(x)$表示：x 是刻苦钻研的人；$W(x)$表示：x 是聪明人；$Q(x)$表示：x 在事业中获得成功；a 表示：张三，则问题可表述为：

条件：$\forall x(S(x)\to D(x))$，$\forall x(D(x)\land W(x)\to Q(x))$，$S(a)$，$W(a)$

结论：$Q(a)$

证明：

① $\forall x(S(x)\to D(x))$	前提引入
② $S(a)\to D(a)$	①EI 规则
③ $S(a)$	前提引入
④ $D(a)$	②③假言推理
⑤ $\forall x(D(x)\land W(x)\to Q(x))$	前提引入
⑥ $D(a)\land W(a)\to Q(a)$	⑤UI 规则
⑦ $W(a)$	前提引入
⑧ $D(a)\land W(a)$	④⑦合取引入
⑨ $Q(a)$	⑥⑧假言推理

第 4 章

一、填空题

1. 8

2. 3

3. 4

4. 2^n

5. 2^n-1

6. $\{\varnothing,\{1\},\{2\},\{3\},\{1,2\},\{1,3\},\{2,3\},\{1,2,3\}\}$

7. $\{\varnothing,\{1\},\{2,3\},\{1,\{2,3\}\}\}$

8. $\{\varnothing,\{\{1\}\},\{\{2\}\},\{\{1\},\{2\}\}\}$

9. $\{\varnothing,\{\varnothing\}\}$

二、选择题

1—5　DDCCC　6—10　ABCCB

三、判断题

1. √√×√×　√√×√×√

2. √√××√　×√√

3. ××√×√　×××

4. ×√××√

5. √√√×√　××

四、综合题

1. $|B|=3,|A\cup B|=8,|A\oplus B|=5$

2. $|B-A|=3,|A-B|=6,|A\oplus B|=9$

3. $|B|=8$、$|P(B)|=256$、$|A\oplus B|=7$

4. 做文氏图可得，仅仅选择 C 语言的学生为 22 人.

5. 如图所示，边长为 3 的正三角形，可以划分为 9 个边长为 1 的小正三角形. 10 个点必有两个落在同一小正三角形内，所以必有两点间的距离小于等于小正三角形的边长 1.

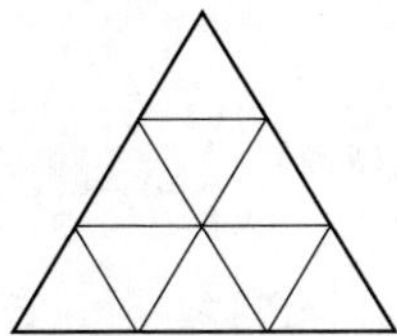

第 5 章

一、填空题

1. $\{\langle 1,2\rangle,\langle 1,b\rangle,\langle a,2\rangle,\langle a,b\rangle\}$

2. $\{\langle a,1\rangle,\langle a,2\rangle,\langle b,1\rangle,\langle b,2,\rangle,\langle c,1\rangle,\langle c,2\rangle\}$

3. $\{\langle a,a\rangle,\langle a,b\rangle,\langle a,c\rangle,\langle b,a\rangle,\langle b,b\rangle,\langle b,c\rangle,\langle c,a\rangle,\langle c,b\rangle,\langle c,c\rangle\}$

4. $\{\langle 1,\{a\}\rangle,\langle 1,\{b\}\rangle,\langle 1,\{a,b\}\rangle,\langle 1,\varnothing\rangle,\langle 2,\{a\}\rangle,\langle 2,\{b\}\rangle,\langle 2,\{a,b\}\rangle,\langle 2,\varnothing\rangle$

5. 15

6. 2^{mn}

7. 64

8. 2^{mn}

9. 128

10. 512

11.

(1)$\{\langle 2,1\rangle,\langle 3,1\rangle,\langle 3,2\rangle,\langle 4,1\rangle,\langle 4,2\rangle,\langle 4,3\rangle\}$

(2)$\{\langle 2,1\rangle,\langle 3,1\rangle,\langle 4,1\rangle,\langle 4,2\rangle\}$

(3)$\{\langle 1,1\rangle,\langle 1,2\rangle,\langle 1,3\rangle,\langle 1,4\rangle,\langle 2,2\rangle,\langle 2,4\rangle,\langle 3,3\rangle,\langle 4,4\rangle\}$

(4)$\{\langle 1,1\rangle,\langle 1,2\rangle,\langle 1,3\rangle,\langle 1,4\rangle,\langle 2,2\rangle,\langle 2,3\rangle,\langle 2,4\rangle,\langle 3,3\rangle,\langle 3,4\rangle,\langle 4,4\rangle$

(5)$\{\langle 1,2\rangle,\langle 2,1\rangle,\langle 1,3\rangle,\langle 3,1\rangle,\langle 2,4\rangle,\langle 4,2\rangle,\langle 3,4\rangle,\langle 4,3\rangle\}$

(6)$\{\langle 4,2\rangle,\langle 3,1\rangle\}$

12. $\{\langle 1,1\rangle,\langle 2,2\rangle,\langle 3,3\rangle,\langle 4,4\rangle,\langle 5,5\rangle,\langle 6,6\rangle,\langle 1,4\rangle,\langle 2,5\rangle,\langle 3,6\rangle,\langle 4,1\rangle,\langle 5,2\rangle,\langle 6,3\rangle\}$

13. $E_A=\{\langle a,a\rangle,\langle a,b\rangle,\langle a,c\rangle,\langle b,a\rangle,\langle b,b\rangle,\langle b,c\rangle,\langle c,a\rangle,\langle c,b\rangle,\langle c,c\rangle\}$

$$I_A=\{\langle a,a\rangle,\langle b,b\rangle,\langle c,c\rangle\}$$

14. $\mathrm{dom}R=\{a,c,2\}$, $\mathrm{ran}R=\{1,2,3\}$, $\mathrm{fld}R=\{1,2,3,a,c\}$.

15. $\mathrm{dom}R=\{3,e,f\}$, $\mathrm{ran}R=\{a,b,g,f\}$, $\mathrm{fld}R=\{3,a,b,e,g,f\}$

16. $R\upharpoonright A=\{\langle a,1\rangle,\langle a,2\rangle,\langle b,2\rangle\}$, $R[A]=\{1,2\}$.

17. $R\upharpoonright A=\{\langle 1,a\rangle,\langle 2,2\rangle,\langle a,2\rangle,\langle 1,2\rangle\}$, $R[A]=\{a,2\}$.

18. $\mathrm{dom}R=\{0,1,2,3\}$, $\mathrm{ran}R=\{3,4,5,6\}$, $R\upharpoonright B=\{\langle 1,4\rangle,\langle 2,5\rangle\}$.

19. $R^{-1}=\{\langle a,1\rangle,\langle 2,2\rangle,\langle 1,b\rangle\}$

$S^{-1}=\{\langle 2,a\rangle,\langle a,b\rangle,\langle 1,a\rangle,\langle 1,2\rangle,\langle 1,1\rangle\}$

$R\circ S=\{\langle a,2\rangle,\langle a,a\rangle,\langle 2,a\rangle,\langle 1,a\rangle\}$

$R^{-1}\circ S=\{\langle a,a\rangle,\langle 2,2\rangle,\langle 1,a\rangle\}$

$R^{-1}\circ S^{-1}=\{\langle a,a\rangle,\langle a,2\rangle,\langle a,1\rangle,\langle 2,a\rangle\}$

20. $R^{-1}\circ S^{-1}=\{\langle a,a\rangle,\langle 2,b\rangle,\langle 2,4\rangle,\langle 2,3\rangle\}$

$S^{-1}\circ R^{-1}=\{\langle 1,1\rangle,\langle a,3\rangle\}$

21. $S^2\circ R=\{\langle a,a\rangle,\langle b,2\rangle,\langle b,a\rangle,\langle 2,a\rangle,\langle 1,a\rangle\}$

22. $R^2=\{\langle 1,2\rangle,\langle b,a\rangle\}$, $R^3=\{\langle b,2\rangle\}$

23. $R^2=\{\langle a,a\rangle,\langle a,b\rangle,\langle a,c\rangle,\langle b,a\rangle,\langle b,c\rangle,\langle b,b\rangle,\langle c,a\rangle,\langle c,b\rangle,\langle c,c\rangle\}$

$R^3=\{\langle a,a\rangle,\langle a,b\rangle,\langle a,c\rangle,\langle b,a\rangle,\langle b,c\rangle,\langle b,b\rangle,\langle c,a\rangle,\langle c,b\rangle,\langle c,c\rangle\}$

24. (1)对称性.

(2)自反性、反对称性、传递性.

(3)反自反性、反对称性、传递性.

(4)反自反性、对称性.

(5)反自反性、反对称性、传递性.

(6)反自反性,反对称性.

(7)反自反性，对称性.

(8)自反性，对称性，传递性.

25.求出下列关系的闭包

(1)$r(R)=\{\langle a,2\rangle,\langle b,1\rangle,\langle b,c\rangle,\langle c,2\rangle,\langle a,a\rangle,\langle b,b\rangle,\langle c,c\rangle\langle 1,1\rangle,\langle 2,2\rangle\}$

$s(R)=\{\langle a,2\rangle,\langle b,1\rangle,\langle b,c\rangle,\langle c,2\rangle,\langle a,a\rangle,\langle 2,a\rangle,\langle 1,b\rangle,\langle c,b\rangle,\langle 2,c\rangle\}$

$t(R)=\{\langle a,2\rangle,\langle b,1\rangle,\langle b,c\rangle,\langle c,2\rangle,\langle a,a\rangle,\langle b,2\rangle\}$

(2)$r(R)=\{\langle b,a\rangle,\langle b,b\rangle,\langle b,3\rangle,\langle 3,b\rangle,\langle 3,3\rangle,\langle 4,b\rangle,\langle a,a\rangle,\langle 4,4\rangle\}$

$s(R)=\{\langle b,a\rangle,\langle b,b\rangle,\langle b,3\rangle,\langle 3,b\rangle,\langle 3,3\rangle,\langle 4,b\rangle,\langle a,b\rangle,\langle b,4\rangle\}$

$t(R)=\{\langle b,a\rangle,\langle b,b\rangle,\langle b,3\rangle,\langle 3,b\rangle,\langle 3,3\rangle,\langle 4,b\rangle,\langle 3,a\rangle,\langle 4,a\rangle,\langle 4,3\rangle\}$

26. $R=\{\langle a,a\rangle,\langle b,b\rangle,\langle c,c\rangle,\langle d,d\rangle,\langle e,e\rangle,\langle a,c\rangle,\langle c,a\rangle,\langle d,e\rangle,\langle e,d\rangle\}$

27. $R=\{\langle 1,1\rangle,\langle 2,2\rangle,\langle 3,3\rangle,\langle 4,4\rangle,\langle 1,2\rangle,\langle 2,1\rangle,\langle 1,3\rangle,\langle 3,1\rangle,\langle 2,3\rangle,\langle 3,1\rangle\}$

28. $\pi=\{\{1,4\},\{2,5\},\{3,6\}\}$

29. $\pi=\{\{1,3,9,11\},\{2,12\}\}$

二、选择题

1—5　DBDAC　6—9　DDBD

三、判断题

1.√√√√×　2—5××√√　6—8√××　9√×√××　√√×√　10—11××

四、综合题

1.略

2. $\boldsymbol{M}(R)=\begin{pmatrix}1&0&0&1\\1&0&0&0\\0&0&1&0\\0&1&0&0\end{pmatrix}$　关系图：

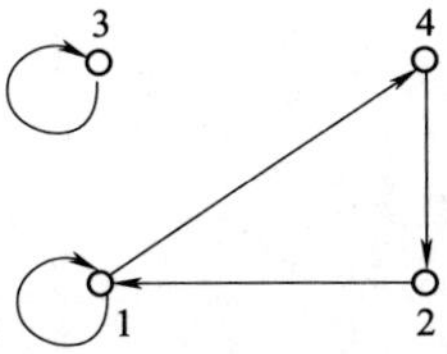

$r(R)=\{\langle 1,1\rangle,\langle 1,4\rangle,\langle 2,1\rangle,\langle 3,3\rangle,\langle 4,2\rangle,\langle 2,2,\rangle,\langle 4,4\rangle\}$

$s(R)=\{\langle 1,1\rangle,\langle 1,4\rangle,\langle 2,1\rangle,\langle 3,3\rangle,\langle 4,2\rangle,\langle 4,1\rangle,\langle 1,2\rangle,\langle 2,4\rangle\}$

$t(R)=\{\langle 1,1\rangle,\langle 1,4\rangle,\langle 2,1\rangle,\langle 3,3\rangle,\langle 4,2\rangle,\langle 1,2\rangle,\langle 2,4\rangle,\langle 4,1\rangle,\langle 2,2\rangle,\langle 4,4\rangle\}$

3. $\boldsymbol{M}(R)=\begin{pmatrix}0&0&0&1\\0&0&1&1\\1&1&0&1\\1&0&0&0\end{pmatrix}$, $\boldsymbol{M}(r(R))=\begin{pmatrix}1&0&0&1\\0&1&1&1\\1&1&1&1\\1&0&0&1\end{pmatrix}$, $\boldsymbol{M}(s(R))=\begin{pmatrix}0&0&1&1\\0&0&1&1\\1&1&0&1\\1&1&0&0\end{pmatrix}$

$\boldsymbol{M}^2(R)=\begin{pmatrix}1&0&0&0\\1&1&0&1\\1&0&1&1\\0&0&0&1\end{pmatrix}$, $\boldsymbol{M}^3(R)=\begin{pmatrix}0&0&0&1\\1&0&1&1\\1&1&0&1\\1&0&0&0\end{pmatrix}$, $\boldsymbol{M}^4(R)=\begin{pmatrix}0&0&0&1\\1&0&1&1\\1&1&0&1\\1&0&0&0\end{pmatrix}$，由于$\boldsymbol{M}^3(R)$与

$M^4(R)$相同,则无须再计算,则 $M(t(R))=M(R)+M^2(R)+M^3(R)+M^4(R)=\begin{pmatrix}1&0&0&1\\1&1&1&1\\1&1&1&1\\1&0&0&1\end{pmatrix}$,所以

$r(R)=\{\langle a,d\rangle,\langle b,c\rangle,\langle b,d\rangle,\langle c,a\rangle,\langle c,b\rangle,\langle c,d\rangle,\langle d,a\rangle,\langle a,a\rangle,\langle b,b\rangle,\langle c,c\rangle,\langle d,d\rangle\}$

$s(R)=\{\langle a,d\rangle,\langle b,c\rangle,\langle b,d\rangle,\langle c,a\rangle,\langle c,b\rangle,\langle c,d\rangle,\langle d,a\rangle,\langle d,b\rangle,\langle a,c\rangle,\langle d,c\rangle\}$

$s(R)=\{\langle a,a\rangle,\langle a,d\rangle,\langle b,a\rangle,\langle b,b\rangle,\langle b,c\rangle,\langle b,d\rangle,\langle c,a\rangle,\langle c,b\rangle,\langle c,c\rangle,\langle c,d\rangle,\langle d,a\rangle,\langle d,d\rangle\}$

4.

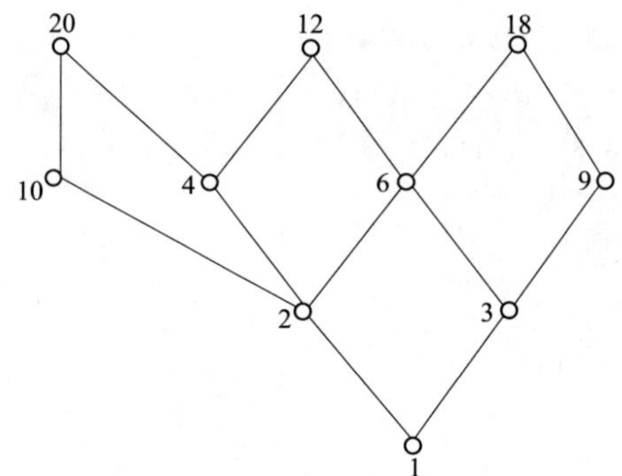

极大元:12,18,20

极小元:1

最大元:无

最小元:1

上界:无

下界:1

上确界:无

下确界:1

5.

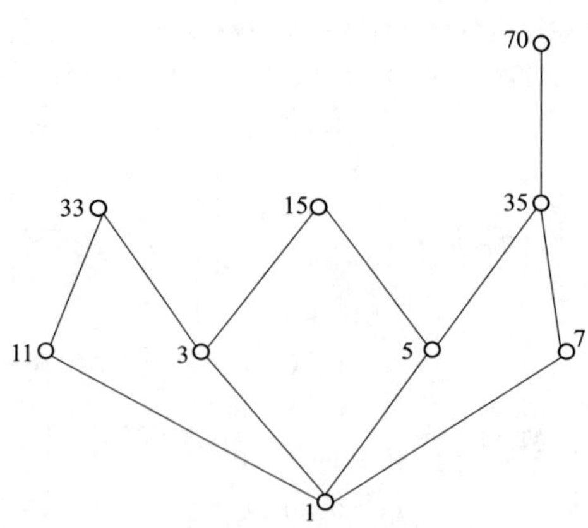

子集 B 的极大元:35

子集 B 的极小元:1

子集 B 的最大元:35

子集 B 的最小元:1

子集 B 的上界:35,70

子集 B 的下界:1

子集 B 的上确界:35

子集 B 的下确界:1

子集 C 的极大元:15

子集 C 的极小元:3,5

子集 C 的最大元:155

子集 C 的最小元:无

子集 C 的上界:15

子集 C 的下界:1

子集 C 的上确界:15

子集 C 的下确界:1

子集 D 的极大元:15,35

子集 D 的极小元:5,7

子集 D 的最大元:无

子集 D 的最小元:无

子集 D 的上界:无

子集 D 的下界:1

子集 D 的上确界:无

子集 D 的下确界:1

6.

子集 B 的极大元:6

子集 B 的极小元:1,2

子集 B 的最大元:6

子集 B 的最小元:无

子集 B 的上界:6

子集 B 的下界:无

子集 B 的上确界:6

子集 B 的下确界:无

7.

$R=\{\langle 1,1\rangle,\langle 2,2\rangle,\langle 3,3\rangle,\langle 4,4\rangle,\langle 5,5\rangle,\langle 6,6\rangle,\langle 7,7\rangle,\langle 6,3\rangle,\langle 6,4\rangle,\langle 6,1\rangle,\langle 6,2\rangle,\langle 7,4\rangle,\langle 7,1\rangle,\langle 7,2\rangle,\langle 3,1\rangle,\langle 4,1\rangle,\langle 4,2\rangle,\langle 5,2\rangle\}$

第 6 章

一、填空题

1. $n(n-1)/2$,15;
2. 奇数;
3. 偶数;
4. 哈密顿通路;
5. 环;
6. 欧拉回路;
7. 简单图;
8. 哈密顿回路.

二、选择题

1—5 BDBCB 6—10 DCDBD

三、综合题

1. $\boldsymbol{M}=\begin{pmatrix}0&2&1\\2&1&2\\1&2&0\end{pmatrix}$,$\boldsymbol{M}^2=\begin{pmatrix}0&2&1\\2&1&2\\1&2&0\end{pmatrix}\times\begin{pmatrix}0&2&1\\2&1&2\\1&2&0\end{pmatrix}=\begin{pmatrix}5&4&4\\4&9&4\\4&4&5\end{pmatrix}$;

长度为 2 的回路数为 $5+9+5=19$.

2. $\boldsymbol{M}=\begin{pmatrix}1&1&0&0\\1&0&1&1\\1&0&1&1\\0&0&1&0\end{pmatrix}$,$\boldsymbol{M}^2=\begin{pmatrix}2&1&1&0\\2&1&1&1\\2&1&2&1\\1&0&1&1\end{pmatrix}$;

长度为 2 的通路总数 18. 长度为 2 的回路总数 6. 长度为 2 的通路总数 2.

3. $\boldsymbol{D}=\begin{pmatrix}1&2&0&0\\0&0&1&0\\1&0&0&1\\0&0&1&0\end{pmatrix}$,$\boldsymbol{D}^2=\begin{pmatrix}1&2&2&0\\1&0&0&1\\1&2&1&0\\1&0&0&1\end{pmatrix}$,

$\boldsymbol{D}^3=\begin{pmatrix}3&2&2&2\\1&2&1&0\\2&2&2&1\\1&2&1&0\end{pmatrix}$,$\boldsymbol{D}^4=\begin{pmatrix}5&6&4&2\\2&2&2&1\\4&4&3&2\\2&2&2&1\end{pmatrix}$.

(1)D 中 v_1 到 v_4 长度为 1,2,3,4 的通路分别为 0 条,0 条,2 条,2 条.

(2)D 中 v_1 到 v_1 长度为 1,2,3,4 的回路分别为 1 条,1 条,3 条,5 条.

(3)D 中长度为 4 的通路(不含回路)有 33 条,长度为 4 的回路为 11 条.

(4)D 中长度小于或等于 4 的通路为 88 条，其中有 22 条为回路.

(5)D 是强联通图，所以可达矩阵为 4 阶全 1 阵.

4. $\boldsymbol{M}=\begin{pmatrix}1&1&0&0\\0&1&1&1\\1&0&0&1\\0&0&1&0\end{pmatrix}$，$\boldsymbol{M}^2=\begin{pmatrix}1&1&0&0\\0&1&1&1\\1&0&0&1\\0&0&1&0\end{pmatrix}\times\begin{pmatrix}1&1&0&0\\0&1&1&1\\1&0&0&1\\0&0&1&0\end{pmatrix}=\begin{pmatrix}1&2&1&1\\1&1&2&2\\1&1&1&0\\1&0&0&1\end{pmatrix}$.

长度为 2 的通路总数为 16.

参 考 文 献

[1] 屈婉玲,耿素云,张立昂.离散数学[M].北京:清华大学出版社,2008.

[2] 周生明,廖元秀.离散数学[M].北京:科学出版社,2010.

[3] 左孝凌,李为鑑,刘永才.离散数学[M].上海:上海科学技术文献出版社,1982.

[4] 徐洁磐.离散数学导论[M].3版.北京:高等教育出版社,2004.

[5] 傅彦,顾小丰,王庆先,等.离散数学及其应用[M].北京:高等教育出版社,2013.